高职高专计算机教育"十三五"规划教材

计算机应用基础项目化教程

（Windows 10+Office 2016)

胡尚杰　李　深　杨文利　主　编

李彩云　那　琳　都小菊　副主编

中国铁道出版社有限公司

CHINA RAILWAY PUBLISHING HOUSE CO., LTD.

内 容 简 介

本书采用"项目导向、任务驱动"模式，以培养学生的实践能力为目标，从不同工作岗位需求出发，由浅入深地引导学生学习计算机基本知识和操作技能。

本书结构合理，实用性强，所采用的项目具有很好的代表性，主要内容包括计算机系统与病毒防护、使用 Windows 10 操作系统、Word 2016 文字处理软件的应用、Excel 2016 电子表格处理软件的应用、PowerPoint 2016 演示文稿制作软件的应用和 Internet 基础共 6 个项目。

本书适合作为高职高专院校计算机基础课的教材，也可作为全国计算机等级考试（一级）培训教材，还可作为计算机初学者和自学者的参考书，以及相关岗位工作人员的实习参考书。

图书在版编目（CIP）数据

计算机应用基础项目化教程:Windows 10+Office 2016/胡尚杰, 李深, 杨文利主编.—北京:中国铁道出版社, 2017.9（2021.9重印）

高职高专计算机教育"十三五"规划教材

ISBN 978-7-113-23472-0

Ⅰ.①计… Ⅱ.①胡…②李…③杨… Ⅲ.①Windows 操作系统-高等职业教育-教材②办公自动化-高等职业教育-教材③Office 2016 Ⅳ.①TP316.7②TP317.1

中国版本图书馆 CIP 数据核字(2017)第 206033 号

书　　名：计算机应用基础项目化教程（Windows 10+Office 2016）
作　　者：胡尚杰　李 深　杨文利

策　　划：祁 云 侯 伟　　　　　　编辑部电话：(010) 63549458
责任编辑：祁 云 鲍 闻
封面设计：付　巍
封面制作：刘　颖
责任校对：张玉华
责任印制：樊启鹏

出版发行：中国铁道出版社有限公司（100054，北京市西城区右安门西街 8 号）
网　　址：http://www.tdpress.com/51eds/
印　　刷：三河市国英印务有限公司
版　　次：2017 年 9 月第 1 版　2021 年 9 月第 8 次印刷
开　　本：787 mm×1 092 mm 1/16　印张：13.75　字数：347 千
书　　号：ISBN 978-7-113-23472-0
定　　价：35.00 元

计算机应用基础课程是高等职业院校所有专业必修的一门公共素质平台课程，目的在于培养学生了解计算机的基本原理、基本操作知识，特别是熟练掌握计算机软硬件的基本知识、Windows操作系统和Office办公软件的操作技能，以及多媒体、网络应用的知识。

随着计算机技术的日益普及，高等职业教育对于计算机应用基础课程的改革要求越来越强烈，为了适应这种改革，我们特编写了这本教材。本书的一大特点就是采用项目导向、任务驱动的教学模式来安排教材内容。以实际教学项目为基本教学单元，再将这些项目分解为若干任务，每个任务包括任务描述、任务分析和任务实现，每个项目后都安排了项目实训；另外，为了加强学生的理论水平，一些项目后还加入了相关知识与技能和知识拓展的内容，便于学生奠定坚实的理论基础以及扩大知识面。

本书的所有编写人员均为计算机应用基础课程教学的一线教师，同时常年从事计算机等级考试的辅导工作，经验丰富，在多年的教学实践中，精心选择一些实际项目作为教学内容。

全书共分6个项目。项目1介绍个人计算机的硬件配置和防范计算机病毒入侵的方法；项目2介绍管理和维护Windows 10操作系统的基本方法，程序、文件和文件夹管理，以及Windows 10操作系统自带的多媒体工具的使用方法；项目3介绍Word 2016文字处理软件应用的4个典型工作任务，求职简历的制作、宣传单的制作、毕业论文的制作、批量打印会议出席证及其相关知识；项目4介绍Excel 2016电子表格处理软件的基本应用，Excel公式、函数的运用，Excel数据管理以及Excel图表制作；项目5介绍PowerPoint 2016演示文稿制作软件的典型应用，毕业答辩演示文稿的制作及相关知识；项目6介绍了Internet基础知识，包括网上资料的搜索和电子邮件的收发等。

本书由胡尚杰、李深、杨文利任主编，李彩云、那琳、都小菊任副主编。各项目主要编写人员分工如下：李深负责编写项目1和项目2，李彩云负责编写项目3，那琳和都小菊负责编写项目4，杨文利负责编写项目5，胡尚杰负责编写项目6。全书由胡尚杰拟定提纲并统稿。

在本书的编写过程中，得到了许多专家、同仁的热情帮助和大力支持，谨此向他们表示真挚的感谢。另外，还要感谢各位编者的家人，没有他们的支持，我们的书稿很难完成。

由于计算机技术发展极为迅速，加之作者水平有限、时间仓促，书中难免有疏忽和不足之处，敬请读者给予批评指正，编者将不胜感激。

编　者
2017 年 6 月

目 录

项目 ① 计算机系统与病毒防护

计算机是一种能接收和存储信息，并按照存储在其内部的程序对输入的信息进行加工、处理，然后把处理结果输出的高度自动化的电子设备。计算机发展到今天已有 70 多年的历史，其应用已深入社会生活的许多方面，它所带来的不仅仅是一种行为方式的变化，更大程度上是人类思维方式的革命，并且计算机对人类社会产生的革命性影响还在继续。本项目将简要介绍计算机的软硬件系统、性能指标、计算机病毒的防护等内容。

学习目标

- 了解计算机系统的组成。
- 熟悉个人计算机的硬件结构。
- 熟悉计算机的主要性能指标。
- 了解计算机病毒的知识。
- 熟悉计算机病毒的防护方法。
- 能够安装和使用防病毒软件。

任务 1 配置一台个人计算机

任务描述

晓雪是一名数字媒体技术专业的大一新生，为了今后专业课学习的方便，她计划学习计算机的基础知识，并配置一台计算机。

任务分析

配置个人计算机要在熟悉计算机系统组成的基础上，根据个人计算机硬件的结构和性能指标选配合适的硬件。硬件组装完成后，还要继续安装操作系统及其他一些必要的软件，个人计算机才可以正常使用。

任务实现

1. 学习计算机系统的组成

计算机系统由硬件系统（简称硬件）和软件系统（简称软件）两大部分组成，如图 1-1 所示。

硬件是构成计算机的各种物质实体的总称，包括运算器、控制器、存储器、输入设备、输出设备等，是计算机的物质基础；软件包括计算机正常工作所必需的程序、数据及有关资料，其作用是扩大和发挥计算机的功能，从而使计算机能够有效地工作。可以说，硬件是计算机的身体，而软件是计算机的头脑和灵魂。

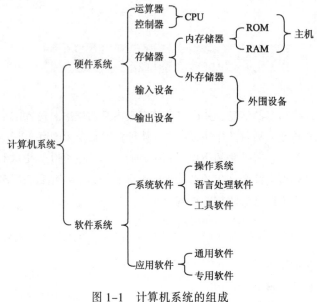

图 1-1　计算机系统的组成

（1）硬件系统

　　硬件是组成计算机的各种物理设备，包括计算机的主机和外围设备。具体由五大功能部件组成，即运算器、控制器、存储器、输入设备和输出设备。这五大部件相互配合，协同工作。五大部件之间的联系如图 1-2 所示。

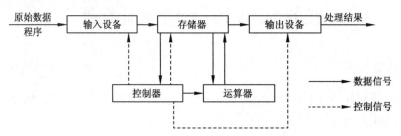

图 1-2　计算机五大部件之间的联系示意图

　　① 主机。由运算器、控制器和存储器（存储器分为内存储器和外存储器，这里一般指内存储器）三个部分组成。

　　a. 运算器：计算机进行算术和逻辑运算的设备，一切算术运算和逻辑测试工作都由运算器承担。

　　b. 控制器：对计算机其他全部设备进行控制，使计算机整体能够协调工作的部件。控制器控制各个设备工作，依赖于人们提供给计算机的程序指令，程序指令必须经过控制器，再由控制器发出信号控制其他设备工作。

在计算机制造过程中，通常把运算器和控制器做在一块集成电路芯片上，统称为中央处理器或中央处理单元（Central Processing Unit，CPU）。

c.　存储器（Memory）：这里一般指内存储器，简称"内存"，是计算机用来存放程序和数据的记忆部件，常用的存储单位有：

- 位（bit）：计算机存储数据的最小单位是一个二进制位（bit）0 或 1，简记为 b。
- 字节（B）：计算机存储信息的基本单位是字节，简记为 B。规定 1 B=8 bit。
- 字：由若干个字节组成，是信息处理的单位。

保存信息到存储单元的操作称作写操作，从存储单元中获取信息的操作称作读操作，读/写时一般都以字节为单位。读操作不会影响存储单元中的信息，写操作将新的信息取代存储单元中原有的信息。

内存储器（Memory）直接和运算器、控制器交换信息，分为随机存储器（Random Access Memory，RAM）和只读存储器（Read-Only Memory，ROM）两种。

- RAM 中的信息可随机地读出或写入，一旦关机（断电）后，信息不再保存。
- ROM 中的信息只有在特定条件下才能写入，通常只能读出而不能写入，断电后，ROM 中的原有内容保持不变。ROM 一般用来存放自检程序、配置信息等。

小知识：

一般来说，计算机存储器是由多个存储单元构成的，每个存储单元的大小就是一个字节。计算机的存储器常用的度量单位有 B、KB、MB、GB 和 TB。其换算关系如下：

$$1 \text{ KB}=2^{10}\text{B}=1 \ 024 \text{ B}$$
$$1 \text{ MB}=2^{10}\text{KB}=1 \ 024 \text{ KB}$$
$$1 \text{ GB}=2^{10}\text{MB}=1 \ 024 \text{ MB}$$
$$1 \text{ TB}=2^{10}\text{GB}=1 \ 024 \text{ GB}$$

② 外存储器。在主机外还有辅助存储器，即外存储器，简称外存。外存储器有补充内存和长期保存程序、数据及运算结果的作用。外存储器存储的内容不能直接供计算机使用，而要先送入内存，再从内存提供给计算机。外存的特点是容量大、能够长时间保存内容，存取速度比内存慢。外存储器通常用硬盘、磁带和光盘。普通的硬盘由盘片组成，在单面或两面涂有磁性材料来存储信息。磁带的存储容量比磁盘大，存取速度比磁盘低，适于长期保存不经常使用的程序或数据。硬盘的读取速度快于光盘。

③ 输入设备：计算机接收外界信息的设备。常用的输入设备有键盘、鼠标、扫描仪等。

④ 输出设备：计算机把处理信息的结果传输到外界的设备。常用的输出设备有显示器、打印机、绘图仪等。

（2）软件系统

计算机软件系统包括系统软件和应用软件两大类。

① 系统软件。系统软件是指控制和协调计算机及其外围设备，支持应用软件开发和运行的软件。其主要的功能是进行调度、监控和维护系统等。系统软件是用户和裸机的接口，主要包括：

- 操作系统软件，如 Windows 10、Linux 等。
- 各种语言的处理程序，如汇编程序、编译程序等。

- 各种服务性程序，如机器的调试、故障检查和诊断程序、杀毒程序等。
- 各种数据库管理系统，如 SQL Sever、Oracle 等。

② 应用软件。应用软件是用户为解决各种实际问题而编制的计算机应用程序及其有关资料。应用软件主要有以下几种：

- 用于科学计算方面的数学计算软件包、统计软件包。
- 文字处理软件包（如 WPS、Office 2016 等）。
- 图像和动画处理软件包（如 Photoshop、3ds Max 等）。
- 各种财务管理软件、税务管理软件、工业控制软件、辅助教育等专用软件。

2．学习个人计算机的硬件结构

从外观上看，典型的个人计算机系统主要包括主机、显示器、键盘、鼠标等部分，如图 1-3 所示。

（1）主机

主机包括主板、CPU、内存、电源、硬盘驱动器（硬盘）、光盘驱动器（光驱）和插在总线扩展槽上的各种系统功能扩展卡，它们都安装在主机箱里。主机箱内部结构如图 1-4 所示。

图 1-3　从外观看到的个人计算机系统

① 主板。主板又称主机板、系统板（System Board）或母板。它是一块多层印制电路板，按其大小分为 ATX 主板、MATX 主板和 ITX 主板等几种。主板上装有中央处理器（CPU）、CPU 插座、只读存储器（ROM）、随机存储器（RAM，即内存储器）、一些专用辅助电路芯片、输入/输出扩展槽、键盘接口以及一些外围接口和控制开关等。主板是微机系统中最重要的部件之一，如图 1-5 所示。

图 1-4　主机箱内部结构

图 1-5　主板

② 中央处理器（CPU）。CPU 负责整个计算机的运算和控制，它是计算机的大脑，决定着计算机的主要性能和运行速度，如图 1-6 所示。

③ 内存。内存是计算机的主存储器，但它只有临时存储数据的功能。在计算机工作时，它存放着运行所需要的数据，关机后，内存中的数据将全部消失，而硬盘和光盘则是永久性的存储设备，关机后，它们保存的数据仍然存在。内存如图 1-7 所示。

图 1-6　CPU

④ 电源。电源是安装在一个金属壳体内的独立部件，它的作用是为系统装置的各种部件和键盘提供工作所需的电源，如图 1-8 所示。

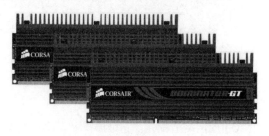

图 1-7　内存　　　　　　　　　　　　　　　图 1-8　电源

⑤ 硬盘驱动器（硬盘）。硬盘是计算机系统中用来存储大容量数据的设备，可以看作计算机系统的仓库。其存储信息量大，安全系数也比较高，是长期保存数据的首选设备，如图 1-9 所示。

（a）传统机械硬盘　　　　　　　　　　　（b）固态硬盘

图 1-9　硬盘

⑥ 光盘驱动器（光驱）。光盘驱动器和光盘一起构成计算机的外存储器的一部分，如图 1-10 所示。光盘的存储容量很大，目前计算机上配备的光驱有只读光驱，也有可读写的光驱，即刻录机。

⑦ 系统功能扩展卡。系统功能扩展卡也称适配器、功能卡。计算机的功能卡一般有显卡、声卡、网卡等。

显卡是负责向显示器输出显示信号的，显卡的性能决定了显示器所能显示的颜色数和图像的清晰度，如图 1-11 所示。

声卡是负责处理和输出声音信号的，如图 1-12 所示，有了声卡，计算机才能发出声音。

图 1-10　光驱和光盘

图 1-11　显卡　　　　　　　　　　　　　图 1-12　声卡

网卡也称网络接口卡（Network Interface Card，NIC）或网络适配器。它是插在个人计算机或服务器扩展槽内的扩展卡。计算机通过网卡与其他的计算机交换数据，共享资源，如图 1-13 所示。

无线网卡的作用和功能跟普通网卡一样，是用来连接局域网的，唯一不同的是它不通过有线连接，而是采用无线信号进行连接，如图 1-14 所示。

图 1-13　网卡　　　　　　　　　　　　　图 1-14　无线网卡

（2）显示器

显示器是微型计算机不可缺少的输出设备。显示器可显示程序的运行结果，显示输入的程序或数据等。显示器主要有以阴极射线管为核心的 CRT 显示器和液晶显示器。CRT 显示器已被淘汰，目前市场的主流产品为液晶显示器，如图 1-15 所示。

（3）键盘

键盘是计算机最重要的输入设备。用户的各种命令、程序和数据都可以通过键盘输入计算机。键盘的标准接口为 USB 接口和 PS/2 接口，如图 1-16 所示。

图 1-15　液晶显示器

（4）鼠标

鼠标是计算机在窗口界面中操作必不可少的输入设备。鼠标不能直接输入字符和数字。在图形处理软件的支持下，在屏幕上使用鼠标处理图形要比键盘方便得多。目前市场上的鼠标主要有：机械式鼠标、光电式鼠标、无线鼠标（见图 1-17）等。

图 1-16　键盘

图 1-17　无线鼠标

3. 计算机主要的性能指标

评价计算机硬件性能的主要指标有 CPU 主频、字长、内存容量、存取周期、运算速度等。

（1）主频

在计算机中，脉冲是按照一定幅度和时间间隔连续产生高低变化电压的信号，在单位时间（如 1 s）内所产生的脉冲个数称为频率。主频即是 CPU 工作时的频率。

CPU 主频越高，通常其工作速度也越快。但是，还须保证其他部件速度能够协调一致，跟上主频的节奏。

（2）字长

字长是指计算机的运算器能同时处理的二进制数据的位数，通常字长越长，计算机的运算速度越快。

（3）内存容量

内存储器中可以存储的信息总字节数称为内存容量。内存越大，系统工作中能同时装入的信息越多，相对访问外存的频率越低，使得计算机工作的速度越快。

（4）存取周期

内存进行一次存或取操作所需的时间称为存储器的访问时间，连续启动两次独立的"存"或"取"操作所需的最短时间，称为存取周期。由于计算机在工作中需要极其频繁地进行存取数据操作，所以存取周期也是影响计算机工作速度的一个重要参数。

（5）运算速度

描述计算机运算速度一般用单位时间（通常用 1 s）执行机器指令的数量表示，MIPS（百万条指令每秒）是衡量运算速度的单位。1 MIPS 表示每秒能执行 100 万条机器指令。

相关知识与技能

1. 电子计算机的发展史

1946 年 2 月 14 日世界第一台电子数字计算机 ENIAC 在美国宾夕法尼亚大学诞生。它是美国军方为了解决武器研究中快速、准确而又复杂的数学计算问题而研制的。这台计算机使用了约 18 000 个电子管，重约 30 t，功率 150 kW，占地面积 170 m²，可以进行 5000 次/s 的加（减）法运算。它的诞生，标志了电子计算机时代的到来。

从第一台电子计算机问世至今，计算机获得了突飞猛进的发展。人们根据计算机使用的元器件的不同，将计算机的发展划分为以下几个阶段：

（1）第一代计算机：电子管计算机（1946—1958）

第一代计算机的逻辑元件采用电子管，存储介质使用磁鼓、磁芯，程序设计语言只有机器语言和汇编语言；运算速度为每秒数千次到万次；其体积大，功耗高，可靠性差，价格昂贵；主要应用于军事领域和尖端科研的数值计算。其代表机型为 IBM 公司自 1952 年起研制开发的 IBM 700 系列计算机。

（2）第二代计算机：晶体管计算机（1959—1964）

第二代计算机的逻辑器件采用晶体管，内存储器为磁芯，外存储器出现了磁带和磁盘。这一代计算机体积缩小，功耗减小，可靠性提高，运算速度加快，达到每秒几十万次基本运算，内存容量扩大到几十万字节。同时计算机软件技术也有了很大发展，出现了高级程序设计语言，比如 Fortran、Cobol 等，并提出了操作系统的概念，大大方便了计算机的使用。因此，它的应用从数值计算扩大到气象、工程设计、数据处理、工业过程控制等领域，并开始进入商业领域。IBM 公司相继开发的 IBM 7000 系列计算机是这一代计算机的主流产品。

（3）第三代计算机：中小规模集成电路计算机（1965—1970）

第三代计算机的基本元件采用中小规模集成电路，内存储器为半导体集成电路器件。这一代计算机的特点是：小型化、耗电省、可靠性高、运算速度快。运算速度提高到每秒几十万到几百万次基本运算，在存储器容量和可靠性等方面都有了较大的提高。同时，计算机软件技术的进一步发展，尤其是操作系统的逐步成熟是第三代计算机的显著特点。这个时期的另一个特点是小型计算机的应用。这些特点使得计算机在科学计算、数据处理、实时控制等方面得到更加广泛的应用。IBM 360 型电子计算机是这一代的代表产品。

（4）大规模和超大规模集成电路计算机（1971 年至今）

第四代计算机的特征是以大规模和超大规模集成电路来构成计算机的主要功能部件，出现了微处理器；主存储器采用集成度很高的半导体存储器，运算速度可达每秒几百万次甚至几万亿次基本运算。在软件方面，出现了数据库系统、分布式操作系统等，应用软件的开发已逐步成为一个庞大的现代产业。微型计算机问世并迅速得到推广，逐渐成为现代计算机的主流。计算机技术以前所未有的速度在各领域迅速普及、应用，快速进入寻常百姓家。

目前使用的计算机仍然属于第四代电子计算机。未来计算机将朝着几个方向发展：一边是承担海量任务的计算机向巨型化发展，一边是个人计算机越来越微型化；所有计算机都朝网络化、多媒体化和智能化的方向迅猛发展。

2. 计算机的主要特点

计算机作为一种通用的信息处理工具，具有极高的处理速度、很强的存储能力、精确的计算和逻辑判断能力。其主要特点如下：

（1）运算速度快

计算机的运算部件采用的是电子器件，其运算速度远非其他计算工具所能比拟，而且，由电子管升级到晶体管，再升级到小规模集成电路、中规模集成电路、大规模集成电路等，其运算速度还以每隔几年提高一个数量级的速度不断地发展。

（2）存储信息能力强

计算机的存储器可以把原始数据、中间结果和运算指令等存储起来，以备随时调用。存储器不但能够存储大量的信息，而且能够快速准确地存入或取出这些信息。应用计算机可以从浩如烟海的文献、资料和数据中查找信息并且把处理这些信息变成容易的事情。

（3）可靠的逻辑判断能力

计算机能够根据各种条件来进行判断和分析，从而决定之后的执行方法和步骤；还能够对文字、符号和数字的大小、异同等进行判断和比较，从而决定怎样处理这些信息。

（4）工作自动化

计算机内部的操作运算是根据预先编制的程序自动控制执行的。只要把包含一连串指令的处理程序输入计算机，计算机便会依次取出指令，逐条执行，完成各种规定的操作，直到得出结果为止。

另外，计算机还具有运算精度高、工作可靠、通用性强等特点。

3．计算机的主要应用

计算机的应用十分广泛，如今已渗透到人类社会的各个方面，其应用领域大致可分以下几方面：

（1）科学计算

科学计算又称数值计算，是计算机最早、最重要的应用领域。它的快速与高精度是其他任何工具所不能取代的，特别是在军事、航天、气象、核物理学、量子化学等高、精、尖科研领域，计算机立下了汗马功劳，显示了强大的威力。

（2）过程控制

过程控制又称实时控制，主要应用于工业、农业和军事方面，计算机能够及时采集、检测数据信息，对采集监测到的信息进行分析，采用最优方案实现自动控制，极大地缩短操作时间，提高工作效率。

（3）信息处理

信息又称数据，包括文字、数字、声音、图形、图像等编码，信息处理是指对信息通过分析、分类、合并和统计的过程，加工成人们所需要的信息格式。

（4）计算机辅助系统

计算机辅助系统是指借助计算机能够进行计算、逻辑判断和分析的能力，帮助人们从多种方案中择优，辅助人们实现各种设计工作。根据计算机辅助人们完成的工作分类，常见的计算机辅助系统有：

① 计算机辅助设计（Computer Aided Design，CAD）。

② 计算机辅助制造（Computer Aided Manufacturing，CAM）。

③ 计算机辅助教学（Computer Aided Instruction，CAI）。

④ 计算机辅助测试（Computer Aided Testing，CAT）。

（5）人工智能

人工智能是指利用计算机能够存储、获得并使用知识的特性，通过应用计算机的软硬件模拟人类某些智能行为。比如，围棋人工智能程序"阿尔法狗"（AlphaGo）等，都是现在人工智能的研究成果。人工智能是未来计算机重要的发展方向。

（6）网络与多媒体应用

随着计算机技术的日新月异，Internet 的产生与发展，自进入 20 世纪 90 年代，网络成为发展的主流和方向，计算机也开始普及进入千家万户。计算机不仅仅是处理文字、进行计算的工具，同时也充当着家庭娱乐、家庭教育的帮手，这就促进了集文字、声音、动画、图形、图像于一身的多媒体技术的应用与发展。

4．计算机中的常用数制

数制又称计数制，是指用一组固定的符号和统一的规则来表示数值的方法。编码是采用少量的基本符号，选用一定的组合原则，以表示大量复杂多样的信息的技术。计算机是处理信息的工具，任何信息都必须转换成二进制形式数据后才能由计算机进行处理、存储和传输。这是由于二进制编码具有运算简单、电路实现方便、成本低廉等优点。在计算机内部使用二进制表示各种信息，而在输入、显示或打印输出时，不能用二进制数，因为人们不熟悉二进制数且习惯于用十进制数计数。在计算机程序编写中，还经常采用八进制和十六进制数，这样存在同一个数可用不同数制表示的现象。

（1）数制的相关术语

① 数码：一组用来表示某种数的符号。如：1，2，3，C，D。

② 基数：数制中所用数码的个数，若用 K 表示，则称这种数制为 K 进制，其进位规律是"逢 K 进一"。例如，大家所熟悉的十进制数的数码是 0，1，2，3，4，5，6，7，8，9，总共有 10 个数码，所以基数是 10，其进位规律是"逢十进一"。

③ 位权：数码在不同位置上的权值。在进制数中，处于不同数位的数码，代表不同的数值，这个数位的数的数值是由这位数码的值乘上这个位置的固定常数构成，这个固定常数称为位权。

（2）常用的数制

① 十进制数：特点是采用 0，1，2，3，4，5，6，7，8，9 共 10 个不同的数字符号表示其数码，并且是"逢十进一，借一当十"，对于任意一个十进制数都可以表示成按权展开的多项式。例如：

$$1\ 999=1\times10^3+9\times10^2+9\times10^1+9\times10^0$$

$$48.25=4\times10^1+8\times10^0+2\times10^{-1}+5\times10^{-2}$$

② 二进制数：二进制数的数码是用两个数 0 和 1 表示，基数是 2，并且是"逢二进一，借一当二"，对于二进制数，其整数部分各数位的权，从最低位开始依次是 1，2，4，8，…，写成 2 的幂就是 2^0，2^1，2^2，2^3，…，其小数部分各数位的权，从最高位开始依次是 0.5，0.25，0.125，…，写成 2 的幂就是 2^{-1}，2^{-2}，2^{-3}，…，对于任意一个二进制数也都可以表示成按权展开的多项式。为了区别于其他的进制数，除了在数的下角标注 2 外，还可以在数的后面加一个大写字母 B，例如：

$$(10110101)_2=1\times2^7+0\times2^6+1\times2^5+1\times2^4+0\times2^3+1\times2^2+0\times2^1+1\times2^0$$

$$10.11B=1\times2^1+0\times2^0+1\times2^{-1}+1\times2^{-2}$$

为什么人们在计算机中采用二进制？二进制数只含有两个数字 0 和 1，因此可用大量存在的具有两个不同的稳定物理状态的元件来表示。例如，可用指示灯的不亮和亮，继电器的断开和接通，晶体管的断开和导通，磁性元件的反向和正向，脉冲电位的低和高等，来分别表示二进制数字 0 和 1，计算机中采用具有两个稳定状态的电子或磁性元件表示二进制数，这比十进制的每一位要用具有十个不同的稳定状态的元件来表示，实现起来要容易得多，工作起来也稳定得多。二制数的运算规则简单，使得计算机中的运算部件的结构相应变得比较简单。二进制数的加法和乘法的运算规则只有 4 条：0+0=0，0+1=1，1+0=1，1+1=10，0×0=0，0×1=0，1×0=0，1×1=1。实际上，二进制数的乘法可以通过简单的移位和相加来实现。

③ 八进制数：由于二进制数所需位数较多，阅读与书写很不方便，为此在阅读与书写时通常用十六进制或八进制来表示。这是因为十六进制和八进制与二进制之间有着非常简单的对应关系。八进制数的基数是 8，用 8 个基本数字：0，1，2，3，4，5，6，7 表示其数码，并且"逢八进一，借一当八"。由于八进制数的基数 8 是二进制数的基数 2 的 3 次幂，即 2^3=8，所以一位八进制数相当于 3 位二进制数，这样使得八进制数与二进制数之间的转换十分方便。它也可以表示成按权展开的多项式，如(106.23)$_8$=$1×8^2+0×8^1+6×8^0+2×8^{-1}+3×8^{-2}$，各位的权值为 8 的幂。为了区别于其他进制数，除了在数右下角标注 8 外，还可以在数的后面加一个大写字母 O 来表示 8 进制，如 106.23O。

④ 十六进制数：十六进制数的基数是 16，有 16 个基本数字：0，1，2，3，4，5，6，7，8，9，A，B，C，D，E，F 表示其数码，并且"逢十六进一，借一当十六"。由于十六进制数的基数 16，是二进制数的基数 2 的 4 次幂，即 2^4=16，所以一位八进制数相当于 4 位二进制数，这样使得十六进制数与二进制数之间的转换十分方便。十六进制是计算机中经常使用的一种数制，也可以把它表示成按权展开的多项式，如(1AD.3C)$_{16}$=$1×16^2+10×16^1+×13×16^0+3×16^{-1}+12×16^{-2}$。同样为了区别其他进制数，除了在数的右下角标注 16 外，还可以在数的后面加一个大写字母 H，如 1AD.3CH。

5. 不同数制之间的转换

（1）其他进制数转换成十进制

方法：将其他进制数按位权展开后再相加即可。

（2）十进制数转换成二进制数

方法：将一个十进制数（包含整数部分和小数部分）转换成二进制数时，先将十进制数的整数部分转换成二进制整数，采用的方法是"除以 2 取余逆序"，再将十进制数的小数部分转换成二进制小数，采用的方法是"乘 2 取整顺序"。

（3）二进制数与八进制数之间的转换

将二进制数转换成八进制数。方法：3 位并 1 位。以小数点为中心，分别向左、向右，每 3 位二进制数为 1 组用 1 个八进制数码来表示（不足 3 位的用 0 补足，其中整数部分左补 0，小数部分右补 0）。

将八进制数转换成二进制数。方法：1 位拆 3 位。将每个八进制数码用 3 位二进制数来表示。

（4）二进制数与十六进制数之间的转换

二进制数转换成十六进制数。方法：4 位并 1 位。以小数点为中心，分别向左、向右，每 4 位二进制数为 1 组用 1 个十六进制数码来表示（不足 4 位的用 0 补足，其中整数部分左补 0，小数部分右补 0）。

十六进制数转换成二进制数。方法：1 位拆 4 位。将每个十六进制数码用 4 位二进制数来表示。

6. 非数值信息编码

当今计算机越来越多地应用于非数值计算领域。因此，计算机处理的不只是一些数值，还要处理大量符号如英文字母、汉字等非数值的信息。通常计算机中的数据可以分为数值型数据与非数值型数据。其中，数值型数据就是常说的"数"，如整数、实数等，它们在计算机中是以二进制形式存放的。而非数值型数据与一般的"数"不同，通常不表示数值的大小，而只表示字符或图形等信息，但这些信息在计算机中也是以二进制形式来表示的，因此有了信息编码。

（1）字符编码

目前国际上通用的且使用最广泛的字符有十进制数字符号 0~9、大小写的英文字母、各种运算符、标点符号等。这些字符的个数不超过 128 个。为了便于计算机识别与处理，这些字符在计算机中是用二进制形式来表示的，通常称为字符的二进制编码。由于需要编码的字符不超过 128 个，因此用七位二进制数就可以对这些字符进行编码。但为了方便字符的二进制编码一般占 8 个二进制位，它正好是计算机存储器的一个字节。目前国际上通用的是美国标准信息交换码（American Standard Code for Information Interchange，ASCII）。用 ASCII 表示的字符称为 ASCII 码字符。同时还要注意，在标准 ASCII 中，其最高位用作奇偶校验位。所谓奇偶校验，是指在代码传送过程中用来检验是否出现错误的一种方法，一般分奇校验和偶校验两种。奇校验规定：正确的代码一个字节中 1 的个数必须是奇数，若非奇数，则在最高位添 1；偶校验规定：正确的代码一个字节中 1 的个数必须是偶数，若非偶数，则在最高位添 1。表 1–1 所示为 ASCII 码编码表。

表 1–1 ASCII 码编码表

高位 $b_6b_5b_4$ / 低位 $b_3b_2b_1b_0$	000	001	010	011	100	101	110	1111
0000	NUL	DLE	SP	0	@	P	`	p
0001	SOH	DC1	!	1	A	Q	a	q
0010	STX	DC2	"	2	B	R	b	r
0011	ETX	DC3	#	3	C	S	c	s
0100	EOT	DC4	$	4	D	T	d	t
0101	ENQ	NAK	%	5	E	U	e	u
0110	ACK	SYN	&	6	F	V	f	v
0111	BEL	ETB	'	7	G	W	g	w
1000	BS	CAN	(	8	II	X	h	x
1001	HT	EM	)	9	I	Y	i	y
1010	LF	SUB	*	:	J	Z	j	z
1011	VT	ESC	+	;	K	[	k	{
1100	FF	FS	,	<	L	\	l	|
1101	CR	GS	–	=	M	]	m	m
1110	SO	RS	.	>	N	^	n	~
1111	SI	US	/	?	O	_	o	DEL

（2）汉字编码

要在计算机上处理汉字信息，必须解决汉字的输入、存储、输出和编码转换等问题。

计算机处理汉字的基本过程：用户用键盘输入汉字的编码（机外码），通过代码转换程序转换成汉字机内码进行存储、处理、加工，由外码转换到内码时，要利用输入的外码到代码表中去检索机内码。输出时，再利用字形检索程序在汉字模库中查到表示这个汉字的字形码，根据字形码在显示器或打印机上输出。汉字处理过程如图 1-18 所示。

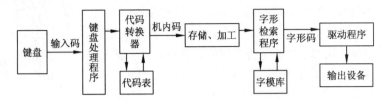

图 1-18　汉字处理过程

① 国标码。GB 2312—1980 规定，全部国标汉字及符号组成 94×94 的矩阵，在这矩阵中每一行称为一个"区"，每一列称为一个"位"。这样就组成了 94 个区（01～94 区），每个区内有 94 个位（01～94）的汉字字符集。区码和位码简单地组合在一起（即两位区码居高位，两位位码居低位）就形成了"区位码"。区位码可唯一确定某一个汉字或汉字符号，反之，一个汉字或汉字符号都对应唯一的区位码，如汉字"玻"的区位码为"1803"，即在 18 区的第 3 位。

所有汉字及符号的 94 个区划分成 4 个组：1～15 区为图形符号区。其中，1～9 为标准区；10～15 区为自定义符号区；16～55 区为一级常用汉字区，共有 3 755 个汉字，该区的汉字按拼音排序；56～87 区为二级非常用汉字区，共有 3 008 个汉字，该区的汉字按部首排序；88～94 区为用户自定义汉字区。

② 机内码。汉字的内码是从上述区位码的基础上演变而来的。它是在计算机内部进行存储、传输所使用的汉字代码。区码和位码的范围都在 01～94 内，如果直接用它作为内码就会与基本 ASCII 码发生冲突。因此，汉字的内码采用如下的运算规定：

高位内码：区码+20H+80H。

低位内码：位码+20H+80H。

在上述运算规则中加 20H 应理解为基本 ASCII 的控制码，加 80H 意在把最高二进制位置"1"，以与基本 ASCII 码相区别。或者说是识别是否汉字的标志位。

③ 机外码。机外码又称汉字输入码，汉字输入的方法有键盘、手写、语音、扫描等多种，但键盘输入仍是当前主要的汉字输入方法。计算机标准键盘只有几十个键，而汉字至少有数千个，因此用键盘输入汉字，需要对汉字进行编码。不同的输入法有着自己不同的编码方案，如区位码、五笔字型码、拼音码、自然码等，这些都是机外码，但机外码必须通过相应输入法的代码转换程序，才能转换成机内码存放在计算机存储器中。目前，人们根据汉字的特点提出了数百种汉字输入码的编码方案，不同的用户可根据自己的特点和需要选用输入方法。

④ 字形码。字形码是指汉字信息的输出编码。因此对每一个汉字，都要有对应的字的模型（也称字模）存储在计算机内。字模的集合就构成了字模库，也称字库。汉字输出时，需要先根据内码找到字库中对应的字模，再根据字模在输出设备输出汉字。

记录汉字字形有多种方法，常用的有点阵和矢量法，分别对应两种字形的编码：点阵码和矢量码。点阵码是一种用点阵表示汉字字形的编码，它把汉字按字形排列成点阵，常用的有 16×16、24×24、32×32 或更高。16×16 点阵方式是最基础的汉字点阵，一个 16×16 点阵的汉

字要占用 $16 \times 16 \div 8 = 32$ 字节，24×24 点阵的汉字要占用 72 字节……可见汉字字形点阵的信息量很大，占用的存储空间也非常大。点阵规模越大，每个汉字的存储字节数就越多，字库也就越大。但字形分辨率越好，字形也越美观。如图 1–19 所示。

矢量码使用一组数学矢量来记录汉字的外形轮廓，矢量码记录的字体称为矢量字体或轮廓字体。这种字体能很容易地放大缩小，且不会出现锯齿边缘，屏幕上看到的字形和打印输出的效果完全一致。

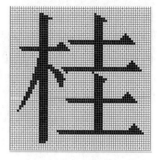

图 1–19　点阵字模

任务 2　计算机病毒的防护

任务描述

晓雪的新计算机已经可以正常使用了，但是，经常上网和使用 U 盘可能会使计算机受到病毒或木马的侵犯，导致计算机出现故障或数据丢失。为了保证计算机的安全运行，必须对计算机病毒的相关知识有充分的了解，并对计算机做必要的安全防护。

任务分析

在充分了解计算机病毒知识的基础上，建立预防计算机病毒的意识，养成良好的使用计算机的习惯，并安装防病毒软件来阻止病毒的侵犯。

任务实现

1. 学习计算机病毒知识

只要是使用计算机的用户，几乎没有人不曾为计算机病毒烦恼过。防范计算机病毒不仅仅是技术问题，在实际生活中，受到计算机病毒伤害最多、最重的往往是那些既不了解计算机病毒相关知识、又缺乏防范病毒意识的非计算机专业用户群体。把计算机病毒的基本知识普及到所有用户，并提高人们对计算机病毒防范意识、掌握使用杀毒软件的方法，是极其必要的。

（1）计算机病毒及其传播途径

《中华人民共和国计算机信息系统安全保护条例》明确定义计算机病毒是"编制或者在计算机程序中插入的破坏计算机功能或者破坏数据，影响计算机使用并且能够自我复制的一组计算机指令或者程序代码"。

计算机病毒一定是人为编制的程序，通常程序代码简单，病毒在用户非授权的情况下控制 CPU 完成病毒传播和危害计算机系统的全过程。

计算机病毒主要通过下面两个渠道传播：

① 计算机网络：病毒可以通过网络从一个站点传播到另一个站点，从一个网络传播到另一个网络。网络传播病毒速度是所有媒介中最快的，严重时可导致整个网络中所有计算机系统的瘫痪。

② 磁盘、光盘、闪存盘传播：病毒首先传播到各种存储介质上，然后利用人们在不同的计

算机上使用带有病毒的存储设备，实现病毒从一台计算机传播到另一台计算机。

（2）计算机病毒的主要特征

计算机病毒一般具有以下几个特征：

① 传染性：又称繁殖性，传染是它的一个重要特性。它通过修改其他文件，实现自我复制到其他文件、磁盘，从而达到扩散的目的。

② 隐藏性：又称隐藏性，是指病毒程序大多把自己嵌入正常文件之中，用户找不到病毒文件，所以很难被发现。

③ 潜伏性：很多计算机被病毒侵入后，病毒通常并不立即开始进行危害计算机系统的活动，需要等一段时间或待条件成熟后才开始危害计算机系统。

④ 激发性：激发性是针对潜伏性而言的，激发是指达到一定条件后，病毒才开始严重危害计算机系统。比如，历史上的 CIH 病毒，只有到了系统时钟为 4 月 26 日的这一天才开始破坏计算机系统，在这之前病毒只进行传播和潜伏，使绝大多数受到此病毒传染的计算机用户对此病毒在较长的时间内浑然不知，到激发条件满足时，造成的破坏已经一发不可收拾。

⑤ 破坏性：是指病毒对计算机系统的正常工作具有一定的破坏。即使有的病毒不直接删除或修改用户的文件系统，不直接造成用户计算机系统工作异常，但是其长期驻留在用户计算机系统中，长期窃取 CPU 资源，使用户的计算机系统工作效率降低，也被视为一种破坏性。

（3）病毒的类型

世界上究竟有多少种病毒，说法不一。无论多少种，病毒的数量仍在不断增加。据国外统计，计算机病毒以每周 10 种的速度递增。

① 按病毒的危害性分类：

a. 良性病毒：只表现自己，干扰用户的工作，对于使用染有病毒的计算机用户而言可能只是在使用计算机过程中出现的一段声音或图像，但会影响计算机的正常操作，甚至造成系统死锁。

b. 恶性病毒：破坏计算机系统的软硬件资源，甚至造成系统的瘫痪，可能会破坏数据文件，也可能使计算机停止工作，被破坏的数据一般无法恢复。这类病毒是最多的。

② 按病毒寄生方式分类：

a. 引导型病毒：引导型病毒是一种在系统引导时出现的病毒，它先于操作系统，依托的环境是 BIOS 中断环境。在系统引导阶段就获得 CPU 的控制权，当系统启动时，首先被执行的是病毒程序，使系统带病毒工作，并伺机发作。

b. 文件型病毒：这类病毒将自身附在可执行文件中，它主要感染扩展名为.com、.exe、.sys和.ovl 等可执行程序。宏病毒则攻击扩展名为.docx 等的 Word 文件（也可以隐藏在其他的 Office文件中，如 Excel 文档和 PPT 演示文稿等）。当带有病毒的程序被执行时，文件型病毒才能被调入内存，随后进行感染。

c. 复合型病毒：这类病毒既能够传染磁盘引导扇区，也能够传染可执行文件，所以它的破坏性更大，传染的机会也更多，杀灭也更困难。

③ 按连接方式分类。计算机病毒不是一个独立的文件，它总是隐藏在合法程序或文件中。但是，为了取得对 CPU 的控制权，它必须与被传染的程序相连接。连接的方式主要有 4 种：

a. 源码型病毒：该病毒是用高级语言编写的病毒源程序，它在应用程序被编译之前将自身的程序代码插入高级语言源程序中。在应用程序被编译后，它就成为该合法程序的一部分。

b. 嵌入型病毒：这种病毒是将自身嵌入被传染程序中，并替代主程序中不常用的功能模块，这种病毒一般是针对某些特定程序编写的，难编写，也难消除。

c. 外壳型病毒：外壳型病毒将其自身包围在主程序的四周，对原来的程序不做修改。这种病毒最为常见，易于编写，也易于发现，一般测试文件的大小即可知。

d. 操作系统型病毒：用自己取代操作系统的部分模块，这种病毒具有分区的破坏力，可以导致整个系统的瘫痪。

除了上述病毒类型外，还有一些特殊的病毒，如通过电子邮件发送的病毒（蠕虫病毒），脚本病毒（该类型的病毒感染 VBS、HTML 和脚本文件，用 VBScript 语言编写，通过网页、电子邮件以及文件在 Internet 和本地传播）等。还有一类是木马程序，之所以有人称它是程序而不是病毒，是因为这类的程序定义界限比较模糊。一个木马程序可以被用作正常的途径，也可以被一些别有用心的人利用来做非法的事情。木马程序一般被用来进行远程控制，也常被一些别有用心的人用来偷取别人机器上的一些重要文件或是账号密码等信息。

（4）计算机病毒的预防

对待计算机病毒首先要建立强烈的预防意识，具体在使用计算机过程中应注意养成良好的习惯，建议尽量做到：

① 避免多人共用一台计算机。多人共用的计算机由于使用者较多，各种软件使用频繁，且来源复杂，从而大大增加了病毒传染的机会。

② 不使用来历不明的软件，应使用正版软件。

③ 下载软件到知名网站，且使用前扫描病毒。

④ 不打开来历不明的电子邮件，据 ICSA 的统计报告显示，电子邮件已经成为计算机病毒传播的主要媒介，其比例占所有病毒传播媒介的 60%。

⑤ 安装杀毒软件，并及时升级病毒库，经常做病毒扫描工作。升级病毒库有助于及时发现新病毒。

⑥ 使用较为复杂的密码。尽量避免容易推测的密码，如全数字、生日等。

⑦ 及时修补系统漏洞。黑客等入侵一般就是利用漏洞进行网络攻击，系统攻击就是发现和利用安全漏洞的过程。在官方发布漏洞补丁后及时安装，可以有效预防利用系统漏洞的病毒。

⑧ 禁止/关闭/删除未使用和不需要的服务与进程，它们不但占用系统资源，影响整台计算机的速度，还有可能被黑客利用。

⑨ 使用安全监视软件（与杀毒软件不同）。例如，360 安全卫士、瑞星卡卡等，主要防止浏览器被异常修改、安装不安全的恶意插件等。

⑩ 迅速隔离受感染的计算机。当发现计算机病毒或出现异常时应立刻断网，以防止计算机受到更多的感染，或者成为传播源，再次感染其他计算机。

此外，应该经常备份重要的数据资料，以防病毒感染后造成重大损失。

（5）计算机病毒的清除

计算机病毒的清除可以使用最新版本的杀毒软件，在怀疑计算机感染病毒后，应该及时进行病毒扫描，并安装系统漏洞补丁。有些恶性病毒会导致杀毒软件无法启动，这时候可以使用专杀工具杀毒。通常顽固病毒的清除还需要配合手动清除，例如，手动清理加载项，删除特定的注册表键值。手工清除计算机病毒对技术的要求高，需要熟悉机器指令和操作系统，难度比较大，一般只能由专业人员操作。病毒在正常模式下是比较难清理的，通常这些操作需要在安全模式下并断开网络进行。

如果通过上述渠道无法清除病毒，只能尝试格式化硬盘所有数据，然后重新安装操作系统，格式化前必须确定硬盘中的数据是否还需要，一定要先做好备份工作。这种方式也是最彻底的清除病毒的方式。

2. 使用防病毒软件

下面以 Windows 10 系统自带的 Windows Defender 为例，介绍防病毒软件的使用方法。

在 Windows 10 中，Windows Defender 不仅能扫描系统，诊断系统有无病毒，而且有实时保护功能，阻止间谍软件和其他可能不需要的软件在计算机上自行安装和运行，同时，Windows Defender 加入了右键扫描和离线杀毒功能，易用性和查杀率有了很大的提高，达到了国际一流的水准。

① 单击 Windows 10 的"开始"菜单|"Windows 系统"|"Windows Defender"，打开图 1-20 所示窗口。

② 单击"启用"按钮后，主页面如图 1-21 所示。图中显示 Windows Defender 有三种扫描方式，分别是：

a. 快速。默认情况下，快速扫描会快速检查最有可能感染恶意软件的区域，包括在内存中运行的程序、系统文件和注册表。

b. 完全。完全扫描会检查 PC 中的所有文件、注册表以及当前运行的所有程序。

c. 自定义。通过自定义扫描，可以仅扫描您所选定的区域。

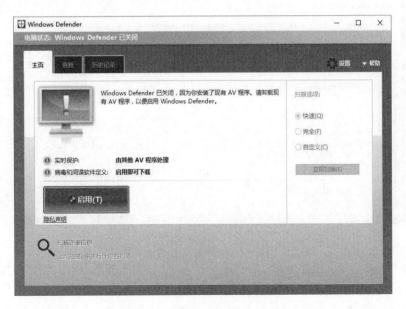

图 1-20　Windows Defender 窗口

图 1-21 "主页"选项卡

③ 单击"更新"标签打开"更新"选项卡，单击"更新定义"按钮可以完成病毒和间谍软件定义的更新，如图 1-22 所示。

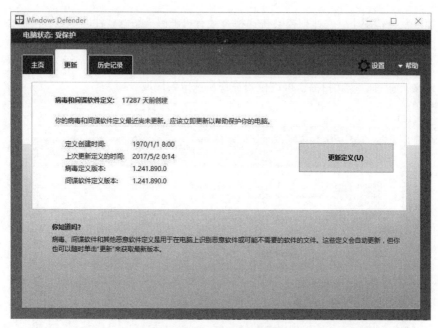

图 1-22 "更新"选项卡

④ 单击"历史记录"标签进入"历史记录"选项卡，可以查看曾经检测到的具有潜在威胁的项目以及用户所采取的措施，如图 1-23 所示。

⑤ 单击"设置"按钮进入"设置"窗口，可以对 Windows Defender 做详细的设置，如图 1-24 所示。

图 1-23　"历史记录"选项卡

图 1-24　"设置"窗口

知识拓展

1. 计算机信息安全

（1）计算机信息安全的定义

人们从不同的角度对信息安全给出了不同的定义。从信息安全所涉及层面的角度进行描述，计算机信息安全定义为，保障计算机及其相关配套的设备、设施（网络）的安全，运行环境的安全，保障信息安全，保障计算机功能的正常发挥，以维护计算机信息系统的安全。从信息安全所涉及的安全属性的角度进行描述，计算机信息安全定义为，信息安全涉及信息的机密性、完整性、可用性、可控性。综合起来说，就是要保障电子信息的有效性。

（2）计算机信息系统安全的主要影响因素

① 计算机信息系统的使用与管理人员。包括普通用户、数据库管理员、网络管理员、系统管理员，其中各级管理员对系统安全承担重大的责任。

② 信息系统的硬件部分。包括服务器、网络通信设备、终端设备、通信线路和个人使用的计算机等。信息系统的硬件部分的安全性主要包括两方面：物理损坏和泄密。物理损坏直接造成信息丢失且不可恢复，而通信线路、终端设备可能成为泄密最主要的通道。

③ 信息系统的软件部分。主要包括计算机操作系统、数据库系统和应用软件。软件设计不完善（如存在操作系统安全漏洞，软件后门接口等）以及各种危险的计算机应用程序和病毒程序都是造成信息系统不安全的重要因素。例如，利用软件漏洞和后门避开信息系统的防范系统，网络黑客实施其猎奇和犯罪行为。

（3）计算机信息安全的主要威胁来源

① 自然灾害、意外事故。受自然灾难或意外事故的影响，信息系统的硬件部分遭受某种毁灭性的破坏。

② 计算机犯罪。出于某种目的更改信息数据，比如进行非法银行转账。

③ 人为错误，内部操作不当或管理不严。信息系统用户的操作失误，特别是系统管理员的操作失误，可给系统安全带来很大的损失，有些损失甚至是无法挽回的。有时，系统管理员不严格遵守安全管理规程，都将对信息安全造成威胁。

④ "黑客"行为。黑客（Hacker）一词，原指热心于计算机技术，水平高超的计算机专家，尤其是程序设计人员。但到了今天，黑客一词已用来泛指那些利用各种手段破解信息系统设置的各种安全机制，进行破坏或恶作剧的人员。

⑤ 信息间谍。计算机间谍与黑客的共同特点是破解信息系统设置的各种安全机制，但黑客一般并没有明确的功利目的，而信息间谍则有明确的目的，信息系统被黑客光顾只有一种潜在的威胁，但被信息间谍光顾就有很现实的危险。

⑥ 电子谍报，比如信息流量分析、信息窃取等。

⑦ 网络协议自身缺陷，例如 TCP/IP 协议的安全问题。TCP/IP 协议数据流采用明文传输，因此攻击者采用源地址欺骗或 IP 欺骗等手段很容易实现对信息传输过程进行篡改或伪造。

（4）计算机信息安全的保障机制

先进的信息安全技术是计算机安全的根本保证。用户对自身面临的威胁进行风险评估，决定其所需要的安全服务种类，选择相应的安全机制，然后集成先进的安全技术，形成一个全方位的安全系统。主要技术有：

① 信息加密技术。采用某种加密变换算法对信息原文进行加密，以密文的形式存储和发送重要的信息，使攻击者即使窃取了相关信息，也无法对描述这些信息的数据进行正确解释，从而保证了信息的安全。

② 访问控制技术。拒绝非授权用户对计算机信息的访问，对授权用户限制其访问方式，只允许其执行与规定权限相符的操作。

③ 数字签名技术。数字签名采用一种数据封装机制，即在一个文件正文后附加一个与全文相关的计算信息，并把信息正文和附加信息封装成一个整体并进行一种只有发文者才知道的加密运算后（解密运算方法文件接收者知道）发出，接收者从文件加密方法上可以确认发文者的身份，由此防止了伪造和抵赖，接收者不能篡改文件内容，否则无法和附加信息项匹配，因此防止了篡改行为的发生。数字签名机制是解决信息发送者和接收者之间争端的基础。

④ 数据完整性技术。数据完整性包括数据单元的完整性和整个数据的完整性两方面的内容。数据单元的完整性可用数字签名机制保证，而整个数据的完整性需要借助于每个数据单元提供的一种连接顺序号，保证没有遗失、新增数据单元且数据单元间没有顺序混乱。如果数字签名信息是对整个数据文件的，那么签名信息也可以验证整个数据文件的完整性。

⑤ 鉴别交换技术。两个通信主体通过交换信息的方式确认彼此的身份，并且只有当彼此的身份确认后才开始通信过程，以防止把机密信息泄露给第三者。可作为鉴别身份的一般方式有口令和密码技术两种。

⑥ 公证机制。在两方或多方进行通信时，找一个公信的第三方作为鉴证，以对彼此的通信内容进行公证，并在通信双方发生争端后做出客观证明。作为公证机制的第三方要有为大家所接受的公信力，同时要能接受通信双方的通信数据。

2. 云计算

（1）背景

云计算是继 20 世纪 80 年代大型计算机到客户端/服务器模式的大转变之后的又一种巨变。

云计算（Cloud Computing）是分布式计算（Distributed Computing）、并行计算（Parallel Computing）、效用计算（Utility Computing）、网络存储（Network Storage Technologies）、虚拟化（Virtualization）、负载均衡（Load Balance）、热备份冗余（High Available）等传统计算机和网络技术发展融合的产物。

（2）概念

云计算（Cloud Computing）是基于互联网的相关服务的增加、使用和交付模式，通常涉及通过互联网来提供动态易扩展且经常是虚拟化的资源。

美国国家标准与技术研究院（NIST）定义：云计算是一种按使用量付费的模式，这种模式提供可用的、便捷的、按需的网络访问，进入可配置的计算资源共享池（资源包括网络、服务器、存储、应用软件、服务），这些资源能够被快速提供，只需投入很少的管理工作，或与服务供应商进行很少的交互。

云计算常与网格计算、效用计算、自主计算相混淆。

① 网格计算：分布式计算的一种，由一群松散耦合的计算机组成的一个超级虚拟计算机，常用来执行一些大型任务。

② 效用计算：IT 资源的一种打包和计费方式，比如按照计算、存储分别计量费用，像传统的电力等公共设施一样。

③ 自主计算：具有自我管理功能的计算机系统。

事实上，许多云计算部署依赖于计算机集群（但与网格的组成、体系结构、目的、工作方式大相径庭），也吸收了自主计算和效用计算的特点。

3．大数据

（1）定义

对于"大数据"（Big Data）研究机构 Gartner 给出了这样的定义："大数据"是需要新处理模式才能具有更强的决策力、洞察发现力和流程优化能力来适应海量、高增长率和多样化的信息资产。

麦肯锡全球研究所给出的定义是：一种规模大到在获取、存储、管理、分析方面大大超出了传统数据库软件工具能力范围的数据集合，具有海量的数据规模、快速的数据流转、多样的数据类型和价值密度低四大特征。

大数据技术的战略意义不在于掌握庞大的数据信息，而在于对这些含有意义的数据进行专业化处理。换而言之，如果把大数据比作一种产业，那么这种产业实现盈利的关键，在于提高对数据的"加工能力"，通过"加工"实现数据的"增值"。

从技术上看，大数据与云计算的关系就像一枚硬币的正反面一样密不可分。大数据必然无法用单台的计算机进行处理，必须采用分布式架构。它的特色在于对海量数据进行分布式数据挖掘。但它必须依托云计算的分布式处理、分布式数据库和云存储、虚拟化技术。

随着云时代的来临，大数据也吸引了越来越多的关注。分析师团队认为，大数据通常用来形容一个公司创造的大量非结构化数据和半结构化数据，这些数据在下载到关系型数据库用于分析时会花费过多时间和金钱。大数据分析常和云计算联系到一起，因为实时的大型数据集分析需要像 MapReduce 一样的框架来向数十、数百或甚至数千台计算机分配工作。

大数据需要特殊的技术，以有效地处理大量的容忍经过时间内的数据。适用于大数据的技术，包括大规模并行处理（MPP）数据库、数据挖掘、分布式文件系统、分布式数据库、云计算平台、互联网和可扩展的存储系统。

最小的基本单位是 bit，按顺序给出所有单位：bit、B、KB、MB、GB、TB、PB、EB、ZB、YB、BB、NB、DB。

它们按照进率 1 024（2^{10}）来计算：

1 B = 8 bit

1 KB = 1 024 B = 8 192 bit

1 MB = 1 024 KB = 1 048 576 B

1 GB = 1 024 MB = 1 048 576 KB

1 TB = 1 024 GB = 1 048 576 MB

1 PB = 1 024 TB = 1 048 576 GB

1 EB = 1 024 PB = 1 048 576 TB

1 ZB = 1 024 EB = 1 048 576 PB

1 YB = 1 024 ZB = 1 048 576 EB

1 BB = 1 024 YB = 1 048 576 ZB

1 NB = 1 024 BB = 1 048 576 YB

1 DB = 1 024 NB = 1 048 576 BB

（2）特征

① 容量（Volume）：数据的大小决定所考虑的数据的价值和潜在的信息。

② 种类（Variety）：数据类型的多样性。

③ 速度（Velocity）：指获得数据的速度。

④ 可变性（Variability）：妨碍了处理和有效地管理数据的过程。

⑤ 真实性（Veracity）：数据的质量。

⑥ 复杂性（Complexity）：数据量巨大，来源多渠道。

⑦ 价值（Value）：合理运用大数据，以低成本创造高价值。

项 目 实 训

1. 打开 Windows 10 中的计算器程序窗口，利用它练习将任意一个十进制数转换为二进制数、八进制数和十六进制数。

2. 把下面 5 个字符串按照字符进行比较大小，写出从大到小的顺序：

① 中国； ② 计算机； ③ train； ④ 36 本书； ⑤ Noah。

3. 已知国标 GB 2312—1980 存放的某种字体是 48 × 48 点阵，那么这个汉字库对应的文件至少占用多少字节？

项目 ②

使用 Windows 10 操作系统

Windows 操作系统在计算机中完成着处理机管理、内存管理、外存管理和设备管理等资源管理任务。使用它每打开一个窗口，就是开始进行一项工作任务，要负责每个任务的内存分配、设备使用分配和数据处理等许多任务。对用户来说，需要执行菜单命令或双击对应的程序图标启动程序，或者双击要处理的文档、文件，然后由系统自动启动相应的程序和对应的文件。

学习目标

- 熟悉磁盘维护的方法。
- 熟悉运用控制面板进行系统维护的方法。
- 掌握更新系统的操作。
- 掌握运行程序和打开文档的操作。
- 掌握选择、新建、搜索、复制、重命名、移动、删除文件或文件夹的方法。
- 掌握查看和设置文件属性的方法。
- 掌握创建快捷方式的方法。
- 了解多媒体技术的知识。
- 熟悉 Windows 10 系统自带的常用多媒体工具的使用方法。

任务 1　管理和维护 Windows 10 操作系统

任务描述

晓雪的新计算机安装了 Windows 10 操作系统后，就可以正常使用了。为了使自己的计算机使用时始终具备良好的系统性能，晓雪费了一番苦心。

任务分析

若要 Windows 10 操作系统在使用过程中始终具备良好的系统性能，就需要对 Windows 10 操作系统进行管理和维护，需要重点关注磁盘维护、账户管理和系统的状态等方面。通常使用控制面板来实现系统的管理维护工作。

任务实现

1．学习磁盘维护知识

（1）了解磁盘空间使用情况

一台计算机，首先要了解硬盘数量和各磁盘容量、已经使用空间、剩余空间等情况。打开"此电脑"窗口，选择"查看"|"布局"|"内容"，使窗口显示处于"内容"状态，即可看到图 2-1 所示的磁盘数量、各个磁盘的总大小、可用空间等情况。

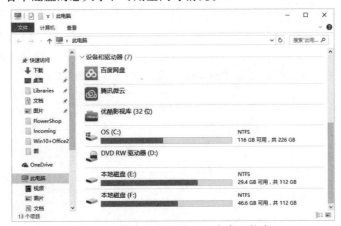

图 2-1　使窗口显示处于"内容"状态

（2）检查磁盘错误

由于受到计算机病毒、非正确操作、死机或磁盘正在工作时突然停电等原因影响，磁盘也会出错。可以通过磁盘查错自动修复文件系统错误或扫描并尝试恢复坏扇区。要检查哪个磁盘，可以在"此电脑"窗口右击它，选择快捷菜单中的"属性"命令，打开"本地磁盘属性"对话框，在图 2-2 所示的"工具"选项卡上单击"检查"按钮，然后在图 2-3 所示的对话框中单击"扫描驱动器"按钮，即可检查磁盘。

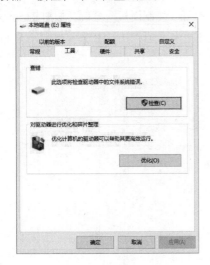

图 2-2　磁盘属性对话框

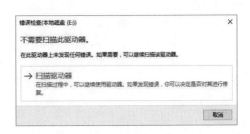

图 2-3　"错误检查"对话框

（3）磁盘优化和碎片整理

磁盘经过长期的使用，由于经常添加、删除文件和文件夹，磁盘上文件和剩余空间的存储结构变得越来越杂乱，磁盘上可用空间夹杂在各个文件和文件夹所占的空间之间，即形成磁盘碎片。当磁盘碎片太多时，会降低磁盘工作效率，因而使用一段时间后需要优化磁盘。优化磁盘的方法是单击图 2-2 所示对话框中的"优化"按钮，然后在如图 2-4 所示的对话框中选定要进行优化的磁盘分区，单击"优化"按钮即可完成碎片整理工作。注意：固态硬盘不需要进行磁盘碎片整理。

图 2-4 "优化驱动器"对话框

2．了解控制面板与系统维护

控制面板是 Windows 10 中的一组进行管理系统的设置工具。设置可使计算机系统更符合自己个性化的需要，更方便使用。通过系统管理，还可以使自己的计算机系统更安全，可更快更方便地排除系统故障。

单击"开始"菜单|"Windows 系统"|"控制面板"，打开"控制面板"窗口，如图 2-5 所示。

图 2-5 "控制面板"窗口

"控制面板"窗口中每个稍大的绿色文字是相应设置的分组提示链接，绿色文字下面的淡蓝色文字则是该组中的常用设置。单击任意绿色或淡蓝色文字链接都可以更细致观察或进行相应的设置。

（1）显示外观和个性化设置

单击"控制面板"窗口中的"外观和个性化"链接，可以看到图 2-6 所示详细设置项目。

图 2-6　"外观和个性化"窗口

（2）设置日期和时间

单击"控制面板"窗口的"时钟、语言和区域"|"日期和时间"|"设置时间和日期"，弹出图 2-7 所示的"日期和时间"对话框，单击"更改日期和时间"按钮，进入图 2-8 所示的"日期和时间设置"对话框，即可进行日期和时间的设置。

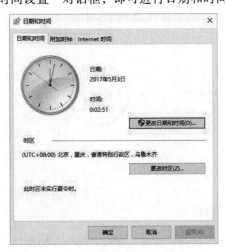

图 2-7　"日期和时间"对话框

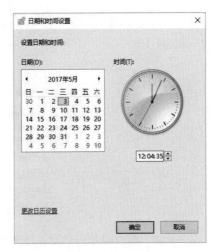

图 2-8　"日期和时间设置"对话框

（3）了解系统硬件基本情况

单击控制面板的"系统和安全"文字链接打开图 2-9 所示的"系统和安全"窗口，里面主要提供了计算机硬件、软件信息以及相应安全方面的很多设置。

图 2-9　"系统和安全"窗口

在"系统和安全"窗口中单击"系统"链接，打开图 2-10 所示的"系统"窗口，即可看到本计算机的 CPU 类型、内存容量、计算机名和操作系统版本等信息。

图 2-10　"系统"窗口

在"系统"窗口中单击"设备管理器"链接，打开"设备管理器"窗口，即可看到本计算机显卡、网卡、声卡和 CPU 等主要设备型号的基本情况，如图 2-11 所示。

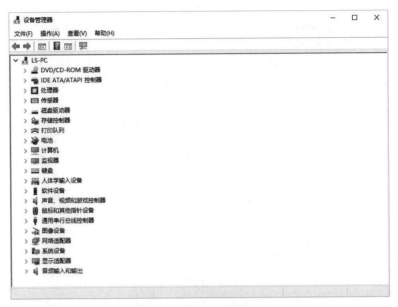

图 2-11 "设备管理器"窗口

（4）管理 Administrator 账户密码

在安装 Windows 10 系统时，系统自动创建名为 Administrator 的账户，这是本机的管理员，是权限最高的账户。作为管理员，为了避免别人盗用自己的计算机，可以给自己的机器设置密码，不知道密码的人无法正常启动计算机。

经常修改 Administrator 账户密码是保障系统安全一个重要措施。操作方法如下：

① 在"控制面板"窗口，单击"用户账户"文字下的"更改账户类型"文字链接，打开图 2-12 所示的"管理账户"窗口，选择"Administrator 账户"，进入图 2-13 所示的"更改账户"窗口。

图 2-12 "管理账户"窗口

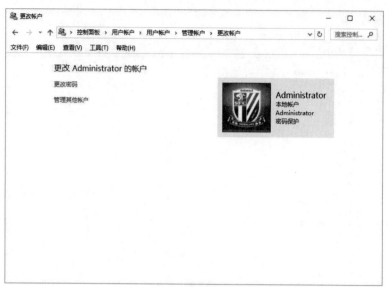

图 2-13 "更改账户"窗口

② 单击"更改账户"窗口中的"更改密码"链接，打开图 2-14 所示的"更改密码"窗口，在其中可对密码进行更改。

图 2-14 "更改密码"窗口

（5）卸载程序

① 卸载非 Windows 10 程序。可以通过控制面板"卸载程序"来实现软件卸载。

下面以卸载 Office 2016 为例，讲述如何通过控制面板卸载应用软件。

a. 单击"控制面板"窗口中"程序"图标下的"卸载程序"链接。

b. 在"卸载或更改程序"窗口中选择要卸载的软件"Microsoft Office 专业增强版 2016"，然后单击上面的"卸载"链接，如图 2-15 所示。

图 2-15　"卸载或更改程序"窗口

　　c. 然后系统询问是否卸载，单击"是"按钮，系统将出现"卸载进度"对话框，直到卸载完成。

　　② 启动或关闭 Windows 功能。Windows 10 附带的程序和功能必须打开才能使用。多数程序会在安装后自动处于打开状态，有一些则在安装后默认处于关闭状态。可以通过在控制面板的"程序"窗口中单击"程序和功能"图标下的淡蓝色文字"启动或关闭 Windows 功能"链接，打开图 2-16 所示的"Windows 功能"窗口，启动或关闭 Windows 10 的功能。

3. 学习检查更新的知识

　　随着 Windows 操作系统软件规模越来越大，难免会发现一些错误和安全漏洞，检查更新服务提供

图 2-16　"Windows 功能"窗口

了一种方便、快捷的安装修补程序和更新 Windows 10 操作系统的方法。使用检查更新，Windows 10 会自动从微软公司的网站上下载最新的弥补系统漏洞的补丁程序，提升 Windows10 的效能，使其变得更加安全。

　　单击 Windows 10 的"开始"菜单|"设置"|"更新和安全"，进入图 2-17 所示的"设置"窗口，单击更新状态下的"检查更新"按钮，Windows 10 系统会自动完成更新检查、下载和安装。

　　可以根据需要单击"更新设置"下的文字链接，做必要的系统设置。

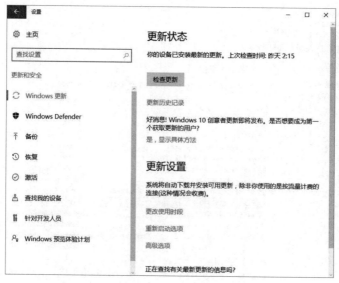

图 2-17 "设置"窗口

相关知识与技能

1. 任务管理器

你可以通过多种方式打开任务管理器，右击"开始"按钮，在快捷菜单中可以看到"任务管理器"，或者按【Win+X+T】组合键打开任务管理器，另外，在任务栏上右击也可以看到"任务管理器"选项。你可以单击名称、CPU、内存、磁盘、网络五个选项来排序，资源使用情况将会以不同深度的颜色显示，当软件出现未响应时可以结束进程，如图 2-18 所示。

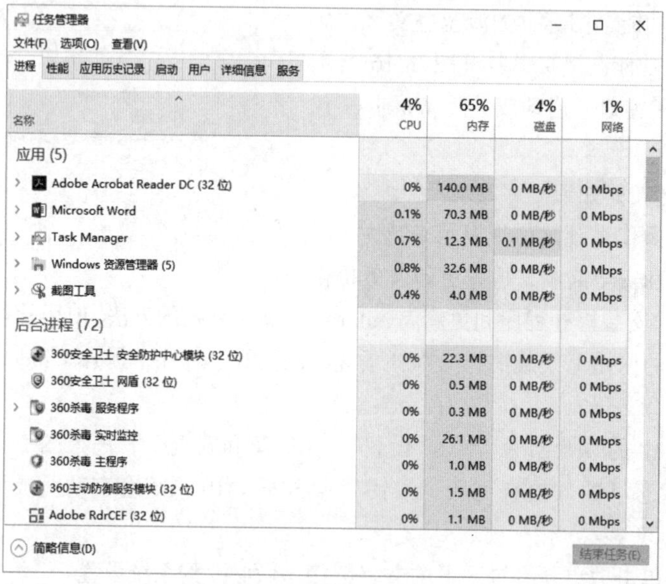

图 2-18 "任务管理器"窗口

在"性能"选项卡下，可以查看各项性能实时数据，如图 2-19 所示，双击图像可以只显示图像。

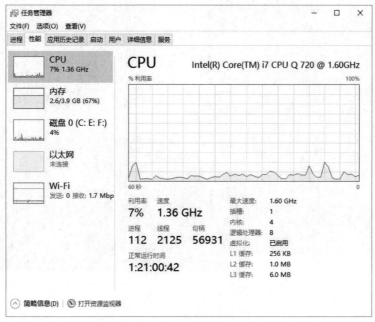

图 2-19 "性能"选项卡

在"服务"选项卡下，可以开启和停止服务，如图 2-20 所示。

图 2-20 "服务"选项卡

2．"开始"菜单

Windows 10"开始"菜单如图 2-21 所示。

图 2-21 "开始"菜单

单击"开始"菜单|"设置"|"个性化"|"开始"，可以自定义开始菜单，如图 2-22 所示。

图 2-22 "设置"窗口

单击"选择哪些文件夹显示在'开始'菜单上"链接，可以自定义显示的项目，如图 2-23 所示。

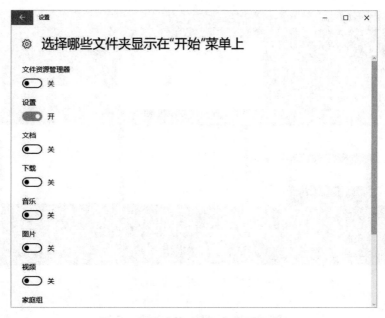

图 2-23　设置"开始"菜单显示项目

3．资源管理器

相对于以前 Windows 版本的资源管理器，Windows10 的资源管理器在功能上有了质的飞跃。可以使用资源管理器加载 ISO 镜像，也可以将文件压缩为 zip 压缩包或解压 zip 文件，在栏目下可以针对不同的文件或文件夹提供不同的选项，如图 2-24 所示。

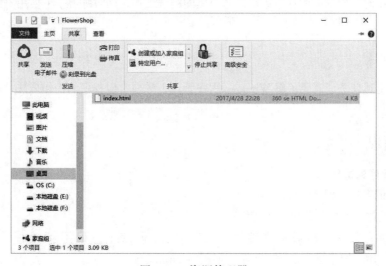

图 2-24　资源管理器

4．多任务

单击虚拟桌面按钮■或者按【Alt+Tab】组合键可以预览当前运行的窗口和已建立的虚拟桌面（见图 2-25），按【Win+Ctrl+D】组合键可建立新的空白桌面，按【Win+Ctrl+←】/【Win+Ctrl+→】组合键可以左右切换桌面，不同桌面运行的程序相对独立，按【Win+F4】组合键可关闭当前桌面，应用程序会转移到其他桌面。

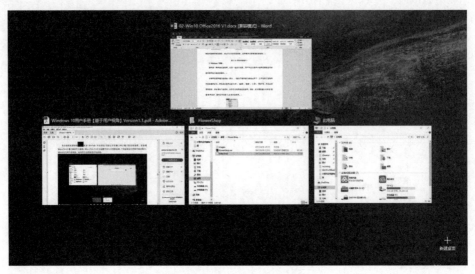

图 2-25　虚拟桌面窗口

任务 2　程 序 管 理

任务描述

晓雪想查看目前的计算机能否正常工作，特别是能否正常播放各类声音、视频文件。为此她想开机后，使用附件中的应用程序进行一些简单的测试工作，同时练习一下使用不同的方式打开文档。

任务分析

想要完成上述任务，需要了解 Windows 程序管理，掌握常用程序的操作方法，以及如何快捷打开常用文档。

任务实现

1. 运行程序的操作

以运行"记事本"程序为例。

方法 1：通过"开始"菜单来运行程序。

单击"开始"菜单|"Windows 附件"|"记事本"，即可运行"记事本"程序。

方法 2：使用"搜索栏"来运行程序，如图 2-26 所示。

① 在搜索栏输入文本"记事本"。

② 单击"最佳匹配"下的"记事本"桌面应用，即可运行"记事本"程序。

方法 3：使用"运行"对话框来运行程序，如图 2-27 所示。

① 按下快捷键【Win+R】，弹出"运行"对话框。

② 在"运行"对话框中输入"记事本"程序的文件名 notepad.exe，单击"确定"按钮，即可运行"记事本"程序。

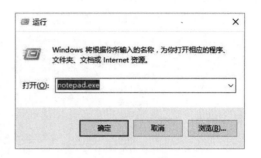

图 2-26 搜索栏 图 2-27 "运行"对话框

方法 4：从文件夹中直接运行程序，如图 2-28 所示。

① 右击"开始"菜单，单击"文件资源管理器"命令，打开"资源管理器"窗口。

② 在资源管理器的左窗格中单击 C 盘，在资源管理器的右窗格中依次双击 Windows 文件夹和 System32 文件夹。

③ 在资源管理器的右窗格中找到 notepad.exe 文件并双击，即可运行"记事本"程序。

图 2-28 从文件夹中直接运行程序

2．打开文档的操作

方法 1：通过"快速访问"打开最近使用过的文档，如图 2-29 所示。

① 右击"开始"菜单，单击"文件资源管理器"命令，打开资源管理器窗口。

② 在"资源管理器"的左窗格中单击"快速访问"。

③ 在"资源管理器"的右窗格中找到最近使用过的某个文档，双击打开。

方法 2：直接打开文档。

通过资源管理器窗口找到文档所在位置，直接双击打开文档。

方法 3：使用"搜索栏"打开文档。

图 2-29　通过"快速访问"打开最近使用过的文档

① 在"搜索栏"输入想要打开的文档名称。

② 单击"最佳匹配"下的对应文档名称打开文档。

知识拓展

Windows 10 常用自带程序

① 记事本：记事本是一款小型文本编辑器，通常用来创建一些格式普通、长度较短的文档。由记事本创建的文本文件的默认扩展名为.txt。记事本程序如图 2-30 所示。

图 2-30　记事本程序

② 写字板：写字板是一个可用来创建和编辑文档的文本编辑程序。与记事本不同，写字板文档可以包括复杂的格式和图形，并且可以在写字板内链接或嵌入对象（如图片或其他文档）。由写字板创建的文档的默认扩展名为.rtf。写字板程序如图 2-31 所示。

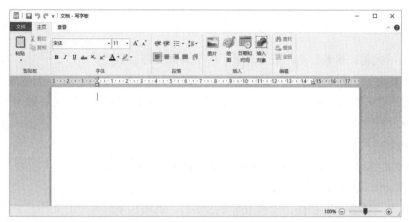

图 2-31　写字板程序

③ 计算器：Windows 10 中的计算器包括标准、科学、程序员和日期计算四种模式，用户既可以使用计算器进行如加、减、乘、除这样简单的运算，也可以进行三角函数、对数、数制转换、逻辑运算等复杂运算。另外，计算器还具备如重量和质量等若干种转换器功能。计算器程序和选项菜单如图 2-32 所示。

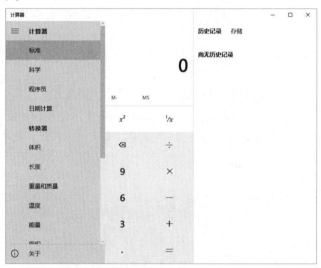

图 2-32　计算器程序和选项菜单

任务 3　管理文件和文件夹

任务描述

刚开始用计算机，晓雪把自己的文件随意地放在计算机中，几个月后，随着文件的不断增多，她发现很多文件都找不到了。因此，她希望能对计算机中的文件进行有序管理，但对于没有文件管理经验的晓雪来说，又不知如何办到，于是她请教了梅老师。

任务分析

根据晓雪的问题，梅老师老师首先讲述了科学管理文件的必要性：

① 要把成百上千的文件进行"分类存放"，比如可以按照工作学习、娱乐等整理文件。

② 一定要把重要的文件"备份"。"备份"其实就是把重要的文件复制到其他地方存放起来，以防原文件的损坏或丢失。

接着，梅老师给小雪提出了一套解决方案：

① 数据文件可以不存放在 C 盘，用 D 盘或其他盘作为数据盘，因为 C 盘一般作为系统盘，主要用于安装系统软件和各类应用程序。

② 在 D 盘创建多个文件夹，分别用来存放学习、练习等不同类型的文件：文件和文件夹最好使用中文命名，使查阅者能够一目了然。

③ 每次必须把重要文件的最新结果进行"备份"，存放在另一个磁盘、U 盘或网盘上。

④ 在桌面上为经常访问的文件夹创建快捷方式，节约访问时间。

⑤ 经常清理计算机中的垃圾文件，定期清理回收站。

任务实现

1. 新建文件夹

要求：在 C 盘下分别建立"学习"和"练习"两个文件夹。

方法 1：

① 通过"资源管理器"窗口或"此电脑"窗口选择本地磁盘 C。

② 单击"主页"|"新建"|"新建文件夹"，如图 2-33 所示，在右窗格的文件列表底部会出现一个名为"新建文件夹"的文件夹，如图标 [新建文件夹]，输入"学习"，按【Enter】键。

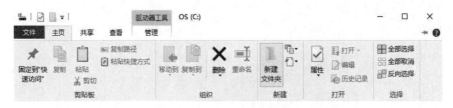

图 2-33　新建文件夹

方法 2：

① 通过"资源管理器"窗口或"此电脑"窗口选择本地磁盘 C。

② 在右边窗格的空白处单击鼠标右键，在弹出的快捷菜单中选择"新建"|"文件夹"命令，输入"练习"，按【Enter】键。

2. 搜索文件或文件夹

要求：在 C 盘搜索文件名第一个字符为"n"，第三个字符为"t"，文件扩展名为".exe"的所有文档。

方法：

① 通过"资源管理器"窗口或"此电脑"窗口选择本地磁盘 C。

② 在右上角搜索框中输入查找对象 "n?t*.exe"。

③ 在右侧窗格中会列出符合条件的搜索结果，如图 2-34 所示。

图 2-34 搜索结果

3．复制文件和文件夹

要求：将上一步搜索到的所有符合条件的文件，复制到"练习"文件夹中。

方法 1：在"搜索结果"右侧窗格选中所有符合条件的文件，单击"主页"|"剪贴板"|"复制"，如图 2-35 所示，将需要复制的文件放在"剪贴板"上，打开目标（C:\练习）文件夹，选择"主页"|"剪贴板"|"粘贴"，将文件复制到目标位置，如图 2-36 所示。

图 2-35 复制文件

方法 2：在"搜索结果"右侧窗格选中所有符合条件的文件，单击"主页"|"组织"|"复制到"|"选择位置"命令，如图 2-37 所示，在弹出的"复制项目"对话框中选择目标（C:\练习）文件夹，单击"复制"按钮完成文件复制，如图 2-38 所示。

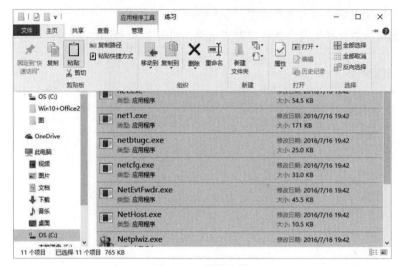

图 2-36　粘贴文件

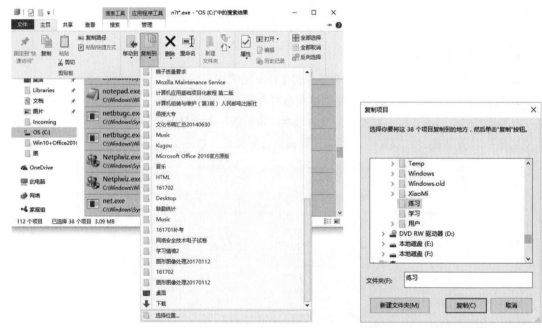

图 2-37　"复制到"命令　　　　　　　　图 2-38　"复制项目"对话框

方法 3：选定要复制的文件或文件夹后单击鼠标右键，在弹出的快捷菜单中选择"复制"命令，打开目标（C:\练习）文件夹，在右边窗格的空白处单击鼠标右键选择"粘贴"命令即可。

方法 4：选定要复制的文件或文件夹，按快捷键【Ctrl+C】，打开目标（C:\练习）文件夹，按快捷键【Ctrl+V】。

4. 重命名文件或文件夹

要求：将"练习"文件夹中"notepad.exe"重命名为"记事本.exe"。

方法 1：选定要重命名的文件（C:\练习\notepad.exe），选择"主页"|"组织"|"重命名"命令，文件（夹）名称呈反白显示，录入新文件名（记事本.exe）后，按【Enter】键确认，如图 2-39 所示。

图 2-39　"重命名"命令

　　方法 2：右击要重新命名的文件或文件夹，在弹出的快捷菜单中选择"重命名"命令，输入新文件名，按【Enter】键确认。

5．删除文件或文件夹

　　要求：将"练习"文件夹下的"记事本.exe"文件删除。

　　方法 1：选定要删除的文件或文件夹（C:\练习\记事本.exe），选择"文件"|"组织"|"删除"命令，如图 2-40 所示。

图 2-40　"删除"命令

　　方法 2：选定要删除的文件或文件夹，按快捷键【Ctrl+D】。

　　方法 3：选定要删除的文件或文件夹，按【Delete】键。

　　方法 4：右击要删除的文件或文件夹，在弹出的快捷菜单中选择"删除"命令。

　　方法 5：选定要删除的文件或文件夹，直接拖入桌面上的回收站。

　　选择"文件"|"组织"|"删除"|"永久删除"命令，如图 2-41 所示，或者按快捷键【Shift+Delete】，也可删除回收站中的文件或文件夹，文件或文件夹将被永久删除，无法利用"还原"功能恢复。

图 2-41　"永久删除"命令

6．移动文件或文件夹

　　要求：将"C:\练习"文件夹中的所有文件移动到"C:\学习"文件夹中。

　　方法 1：选择"C:\练习"文件夹下的所有文件，单击"主页"|"剪贴板"|"剪切"命令，如图 2-42 所示，将需要移动的文件放在"剪贴板"上，打开目标（C:\学习）文件夹，选择"主页"|

"剪贴板"|"粘贴"，将文件移动到目标位置，如图 2-43 所示。

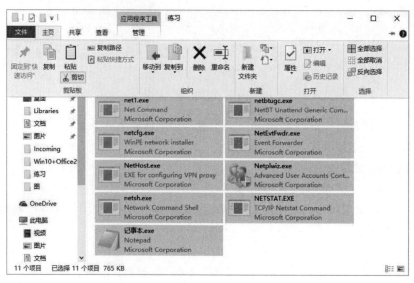

图 2-42　剪切文件

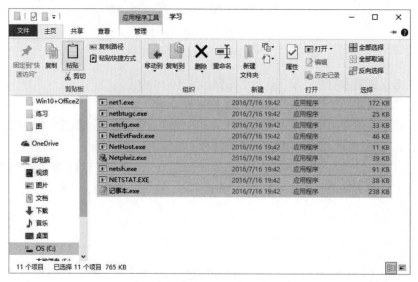

图 2-43　粘贴文件

方法 2：选择"C:\练习"文件夹下的所有文件，单击"主页"|"组织"|"移动到"|"选择位置"命令，如图 2-44 所示，在弹出的"移动项目"对话框中选择目标（C:\学习）文件夹，单击"移动"按钮完成文件移动，如图 2-45 所示。

方法 3：选定"C:\练习"文件夹下的所有文件后右击，在弹出的快捷菜单中选择"剪切"命令，打开目标（C:\学习）文件夹，在右边窗格的空白处右击并选择"粘贴"命令即可。

方法 4：选定"C:\练习"文件夹下的所有文件，按快捷键"Ctrl+X"，打开目标（C:\学习）文件夹，按快捷键【Ctrl+V】。

图 2-44 "移动到"命令

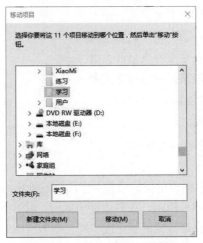

图 2-45 "移动项目"对话框

7．查看和设置文件属性

要求：查看并将"C:\学习"文件夹下的任一文件的文件属性设置为只读。

方法 1：选定要更改属性的文件或文件夹（例如 C:\学习\net.exe），单击"主页"|"打开"|"属性"按钮，如图 2-46 所示，弹出文件属性对话框，选择"常规"选项卡，选中"只读"复选框，单击"确定"按钮，如图 2-47 所示。

图 2-46 "属性"按钮

方法 2：右击需要查看或设置属性的文件或文件夹，在弹出的快捷菜单中选择"属性"命令。弹出文件属性对话框，选择"常规"选项卡，选中"只读"复选框，单击"确定"按钮，如图 2-47 所示。

从"属性"对话框中，用户可以获得以下信息：文件或文件夹属性、文件类型、打开该文件的程序的名称、文件夹中所包含的文件和子文件夹的数量、最近一次修改或访问文件的时间等，可根据需要在查看属性的同时更改文件的属性。

8．快捷方式的创建与使用

快捷方式是指向计算机上某个项目（例如文件、文件夹或程序）的链接。可以创建快捷方式，然后将其放置在方便的位置，例如桌面上或文件夹的导航窗格（左窗格）中，以便可以方便地访问快捷方式链接到的项目，而不是在"开始"菜单的多个级联菜单中去搜索查询，也不需要在文件夹里面去查找。快捷方式图标上的箭头可用来区分快捷方式和原始文件。用户可以在任何地方创建一个快捷方式，在桌面创建快捷方式则最为常见。

要求：在桌面上创建记事本（notepad.exe）的快捷方式，名称为记事本。

图 2-47 文件属性对话框

方法 1：右击桌面空白处，在弹出的快捷菜单中选择"新建"|"快捷方式"命令，弹出"创建快捷方式"对话框，如图 2-48 所示，在对话框中单击"浏览"按钮，在弹出的"浏览文件或文件夹"对话框中找到要建立快捷方式的程序或文档，如图 2-49 所示。单击"下一步"按钮，在"创建快捷方式"对话框的"键入该快捷方式的名称"文本框中输入该快捷方式在桌面上的显示名称"记事本"，单击"完成"按钮，则在桌面上就会显示出用户新建的快捷方式图标。

方法 2：复制要创建快捷方式的对象（notepad.exe），右击桌面空白处，在弹出的快捷菜单中选择"粘贴快捷方式"命令，如图 2-50 所示，重命名快捷方式为"记事本"即可。

方法 3：在要创建快捷方式的对象（notepad.exe）上右击，从弹出的"快捷菜单"中选择"发送到"|"桌面快捷方式"命令，如图 2-51 所示，重命名快捷方式为"记事本"即可。

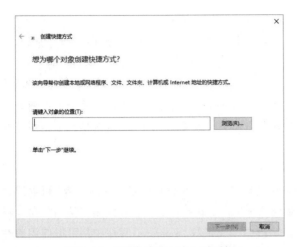

图 2-48　"创建快捷方式"对话框

图 2-49　"浏览文件或文件夹"对话框

图 2-50　"粘贴快捷方式"命令

图 2-51　"桌面快捷方式"命令

知识拓展

1. 选择文件或文件夹

对文件或文件夹进行任何操作前，必须先选择需要操作的文件或文件夹。

（1）选择单个文件或文件夹

只需要单击某个文件或文件夹图标即可，被选择后的文件或文件夹呈浅蓝色状态。

（2）选择多个连续的文件或文件夹

首先单击所要选择的第一个文件或文件夹，然后按住【Shift】键不放，再单击最后一个文件或文件夹。或在窗口空白处单击鼠标左键不放并拖动鼠标光标，这时会拖出一个浅蓝色的矩形框，可通过该矩形框选择文件或文件夹。

（3）选择不连续的多个文件或文件夹

单击所要选择的第一个文件或文件夹，然后按住【Ctrl】键不放，再分别单击要选择的其他文件或文件夹。

（4）选择所有文件或文件夹

直接使用快捷键【Ctrl+A】或单击"主页"|"选择"|"全部选择"命令。

（5）反向选择文件或文件夹

可以先选择几个不需要的文件或文件夹，然后单击"主页"|"选择"|"反向选择"命令。

（6）用复选框选择文件

在资源管理器窗口中选择"文件"|"选项"命令，弹出"文件夹选项"对话框，单击"查看"选项卡，在"高级设置"列表框中选中"使用复选框以选择项"复选框，单击"确定"按钮完成设置。这时将鼠标移动到需要选择的文件的上方，文件的前边就会出现一个复选框，单击该复选框，文件就会被选中。

2．认识"剪贴板"

"剪贴板"是从一个地方复制或移动并打算在其他地方使用该信息的临时存储区域。可以选择文本或图形，然后使用"剪切"或"复制"命令将所选内容移至剪贴板，在使用"粘贴"命令将该内容插入其他地方之前，它会一直存储在剪贴板中。大多数 Windows 程序中都可以使用剪贴板。"剪贴板"上的内容可以多次粘贴，既可在同一文件中多处粘贴，也可以在不同目标中，甚至是不同应用程序创建的文档中粘贴。通过它可以实现 Windows 环境下运行的应用程序之间的信息交换。

（1）把选定信息复制/剪切到"剪贴板"

在资源管理器中选择要复制的对象后，选择"主页"|"剪贴板"|"复制"或"剪切"命令。"复制"是将选定的内容放到"剪贴板"，原位置内容不变。"剪切"是将选定的内容移动到"剪贴板"，原位置内容删除。

（2）将整个屏幕或当前窗口画面复制到"剪贴板"

按【Print Screen】键，则复制整个屏幕的图像到"剪贴板"中。按【Alt+Print Screen】组合键，则复制当前活动窗口的图像到"剪贴板"中。

（3）从"剪贴板"中粘贴信息

将光标定位到要放置的位置上，选择"主页"|"剪贴板"|"粘贴"命令。

"复制""剪切"和"粘贴"命令都有对应的快捷键，分别是【Ctrl+C】、【Ctrl+X】和【Ctrl+V】。

3．发送文件或文件夹

在 Windows 10 中还可以通过"发送到"功能，直接把文件或文件夹发送到"移动盘""邮件收件人""桌面快捷方式"等，其操作方法如下：

右击要发送的文件或文件夹，从弹出的快捷菜单中选择"发送到"命令，在下级菜单中选择相应的目标项。

任务 4　使用 Windows 10 自带的多媒体工具

任务描述

晓雪的新计算机是一台具有娱乐功能的多媒体计算机。为了充分发挥计算机的性能，晓雪在学习了多媒体技术相关知识的同时，又对 Windows 10 系统自带的一些多媒体工具进行了研究。

任务分析

在对计算机多媒体技术的相关知识做必要的了解的同时，掌握 Windows 10 系统自带的一些多媒体工具的使用方法，如画图、截图工具、Windows Live 影音制作等。

任务实现

1. 学习多媒体技术知识

媒体通常是指用于存储和传送各种信息的载体。

多媒体是指能够同时获取、处理、存储和展示两个以上不同类型信息媒体的技术，这些信息媒体包括：文字、声音、图形、图像、动画、视频等。

从人们使用计算机处理信息的角度，可将媒体大致归为最基本的五类。

① 感觉媒体：能直接作用于人们的感觉器官，从而使人产生感觉的媒体。感觉媒体是信息的自然表示形式，如语言、声音、图像、动画、文本等。

② 表示媒体：为了传送感觉媒体而人为研究设计出的媒体，目的是借助这种媒体能更有效地存储和传输感觉媒体。表示媒体实际上是信息在计算机中的表示，例如文字的编码、声波转换成数字形式、图像的数字表示方法等。

③ 存储媒体：用于存放某种媒体的媒体。主要用于存放表示媒体，即存放感觉媒体数字化后的代码。因此，存储媒体实际上是存储信息的实体，常见的存储媒体主要有磁盘、CD、DVD、U 盘等。

④ 显示媒体：用于将表示媒体的数字信息转换为感觉媒体的媒体。表示媒体只是存储信息，而计算机处理结果需要输出，因此，显示媒体实际上是输入与输出信息的设备，如显示器、音箱、打印机等。

⑤ 传输媒体：用于传输某些媒体的媒体。实际上是传输介质，主要借助计算机网络实现媒体的传输。

计算机多媒体具有以下一些基本特征：

① 多样化：多媒体特别强调的是信息媒体的多样化，将图、文、声、像等多种形式的信息集成到计算机中，使人们能以更加自然的方式使用计算机，同时使信息的表现有声有色，图文并茂。

② 综合性：指将计算机、声像、通信技术合为一体，使用计算机把传统的电视机、录像机、录音机的性能综合在一起，将多种媒体有机地组织起来共同表达一个完整的多媒体信息。例如，通过多媒体课件可以看到文字内容，并配有赏心悦目的画面和优美的背景音乐，时而还配有动画或视频，从而使人们通过多种感官获取知识。

③ 交互性：指人和计算机能互相交流对话，方便人们在使用多媒体信息时进行人工控制。交互性是多媒体计算机技术重要的特性，交互性使得计算机多媒体与传统媒体发生重大变化。交互性使用户能够按照自己的意愿来进行一定的控制，参与到多媒体信息播放的全过程中。

④ 数字化：指多媒体中的各个单媒体都以数字信号的形式存放在计算机中。

多媒体技术均采用数字形式存储信息，对图、文、声、像形成对应格式的数字文件。为方便各种型号的计算机系统都能处理多媒体文件，国际社会或一些知名公司各自制定了相应的软件标准，规定了各个媒体文件的数据格式、采用标准以及各种相关指标。在计算机硬件方面，也正致力于硬件标准的统一，使网络上的不同计算机都能够使用多媒体软件。

正是因为计算机使用了多媒体技术，才使用户能够在计算机上把高质量的视频、音频、图像等多种媒体的信息处理和应用集成在一起，借助计算机的交互性，使人机之间具有更好的交互能力，为用户提供形式多样和操作更方便的人机界面。

计算机中的多媒体软件必须能够解决视频和音频数据的压缩和解压缩的技术问题，其要求的主要设备是计算机、CD 或 DVD 光驱、声卡、操作系统、音响这五个部分。现在主流计算机的 CPU、内存、硬盘配置都能满足多媒体相应的基本要求。

2. 使用 Windows 10 系统自带的多媒体工具

（1）画图

画图是 Windows 10 系统中的一项功能，使用该功能可以绘制、编辑图片以及为图片着色。可以像使用数字画板那样使用画图来绘制简单图片、有创意的设计，或者将文本和设计图案添加到其他图片，如那些用数字照相机拍摄的照片。

单击"开始"菜单|"Windows 附件"|"画图"，即可打开"画图"窗口，如图 2-52 所示。

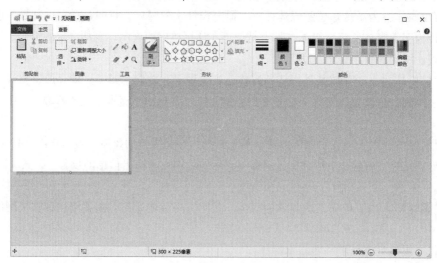

图 2-52 "画图"窗口

（2）截图工具

截图工具可以将 Windows 10 中的图像截取下来并保存为图片文件。捕获截图后，会自动将其复制到剪贴板和标记窗口。可在标记窗口中添加注释、保存或共享该截图。Windows 10 截图工具可以捕获以下任何类型的截图：

任意格式截图：围绕对象绘制任意格式的形状。

矩形截图：在对象的周围拖动光标构成一个矩形。

窗口截图：选择一个窗口（对话框），例如希望捕获的浏览器窗口或对话框。

全屏幕截图：捕获整个屏幕。

① 捕获截图的一般方法：

第一步：单击"开始"菜单|"Windows 附件"|"截图工具"，打开截图工具窗口，如图 2-53 所示。

第二步：单击"新建"按钮旁边的箭头，从列表中选择"任意格式截图""矩形截图""窗口截图"或"全屏幕截图"，然后选择要捕获的屏幕区域。

② 捕获菜单截图的方法：

第一步：单击"开始"菜单|"Windows 附件"|"截图工具"，打开"截图工具"对话框，如图 2-53 所示。

图 2-53　"截图工具"对话框

第二步：按【Esc】键，然后打开要捕获的菜单。

第三步：按【Ctrl+PrintScreen】组合键。

第四步：单击"新建"按钮旁边的箭头，从列表中选择"任意格式截图""矩形截图""窗口截图"或"全屏幕截图"，然后选择要捕获的屏幕区域。

③ 给截图添加注释的方法：

捕获截图后，在标记窗口中执行在截图上或围绕截图书写或绘图操作可以给截图添加注释。

④ 保存截图的方法：

捕获截图后，在标记窗口中单击"保存截图"按钮。在弹出的"另存为"对话框中输入截图的名称，选择保存截图的位置，然后单击"保存"按钮。

⑤ 共享截图的方法：

捕获截图后，单击"发送截图"按钮上的箭头，然后从列表中选择一个选项可以共享截图。

（3）Windows Live 影音制作

Windows Live 影音制作工具可以将照片和视频制作成精彩绝伦的电影。添加想在电影中使用的照片和视频，然后在 Windows Live 影音制作工具中添加音乐、片头、过渡特技和效果进行编辑。通过联机或其他多种方式可以与朋友和家人分享电影。Windows Live 影音制作工具还可以轻松导入和编辑电影，使之更具视觉效果，也可以很方便将编辑好的电影发布到网络上。

单击"开始"菜单|"Windows Live"|"Windows Live 影音制作"，即可打开 Windows Live 影音制作程序，如图 2-54 所示。

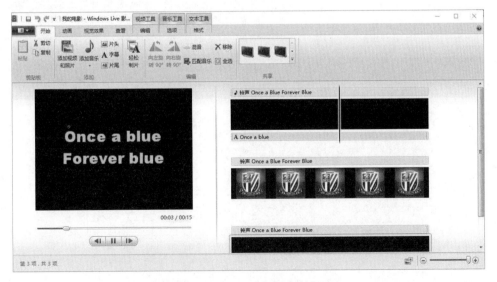

图 2-54　Windows Live 影音制作程序

项 目 实 训

1. 练习选择、新建、搜索、复制、移动、重命名、删除文件或文件夹。
2. 练习选择和查看文件不同的布局方式。
3. 练习查看和设置文件属性。
4. 练习创建桌面快捷方式。

项目 3

Word 2016 文字处理软件的应用

Microsoft Office Word 是一款优秀的文字处理软件，可以使用户方便、自如、高效地在计算机中输入、编辑和修改文档，并在编辑的文档中插入公式、表格和图形， Word 充分利用 Windows 的图形界面，让用户轻松地处理文字、图形和数据，创建出多种图文并茂、赏心悦目的文档，实现真正的"所见即所得"。

学习目标

- 掌握字符格式的设置和格式刷的应用。
- 掌握段落格式的设置。
- 掌握表格的制作和编辑。
- 掌握图片、艺术字的插入和编辑。
- 掌握查找与替换的使用。
- 掌握分栏、首字下沉的使用。
- 掌握页面背景的设置。
- 掌握图形的插入。
- 掌握艺术字的插入和编辑。
- 掌握文本框的插入和编辑。
- 掌握文档打印的设置。
- 掌握样式的创建和使用。
- 掌握多级符号的创建和使用。
- 掌握分节符的应用。
- 掌握页眉和页脚的创建。
- 掌握文档目录的创建。
- 掌握会议出席证母版的制作。
- 掌握文本框的创建和编辑。
- 掌握数据链接的创建和邮件合并。
- 掌握会议出席证的批量输出和打印。

任务 1　求职简历的制作

任务描述

小刚快大学毕业了，他需要一份展现自我的求职简历去应聘面试。一份制作精美的求职简历能够给用人单位留下良好的印象，可以说是求职成功的开始，所以小刚虚心请教自己的老师，认真完成了一份令人满意的求职简历。下面是小刚制作求职简历的实现思路。

任务分析

一份完整的求职简历应由 3 部分组成，包括简历封面、自荐书和个人简历表格。

① 要设计一页精美的简历封面，引起招聘人员的注意，封面的内容除了介绍自己毕业于哪个院校、什么专业、姓名等资料外，还需要插入图片或者艺术字进行点缀。

② 撰写一份推荐自己的自荐书。通过简练生动的文字介绍自己的主要经历、业绩、能力和性格，让用人单位对你有一个初步的了解。

③ 制作一份详细的求职简历表格，罗列自己的基本信息、学历、获奖情况、学习经历、社会实践经历、掌握技能、个人兴趣爱好及自我评价等，使用人单位进一步认识你。

小刚根据以上设计思路，使用 Word 2016 的文字编辑处理、字符格式化、插入图片、绘制表格和设置表格单元格格式等功能制作出如图 3-1 所示的求职简历。

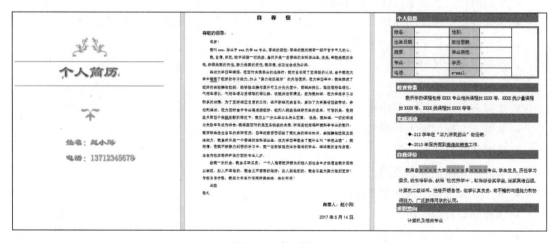

图 3-1　求职简历

任务实现

1．"自荐信"的制作

自荐信效果图如图 3-2 所示

① 打开素材文件夹中的"自荐信"文档，以"个人简历.docx"为名，保存到桌面上。

方法：

打开资源管理器，找到素材文件夹中的"自荐信.docx"文档，双击打开文档，选择"文件"

选项卡中的"另存为"命令，再单击"浏览"，弹出"另存为"对话框，在左边的导航窗格处选择"桌面"，在"文件名"处输入"个人简历"，"保存类型"使用默认的"Word 文档"，单击"保存"按钮，如图 3-3 所示。

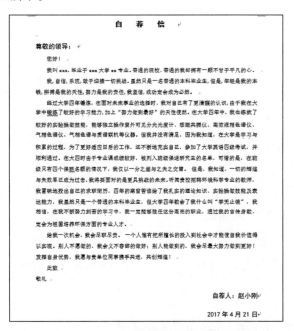

图 3-2　"自荐信"效果图

图 3-3　"另存为"对话框

② 将"自荐信"进行页面排版设置，纸张选择"A4 纸张"，上下页边距为 2.5 厘米，左右页边距为 2 厘米，纸张方向为"纵向"，设置完成后以原文件名进行保存。

方法：

a. 单击"布局"选项卡中"页面设置"选项组右下角的"页面设置"按钮，如图 3-4 所示，弹出"页面设置"对话框，选择"纸张"选项卡"纸张大小"选择"A4"。

b. 在"页面设置"对话框中择"页边距"选项卡，在页边距的"上""下"数值框中均输入

"2.5 厘米"，"左""右"数值框中均输入"2 厘米"，在"方向"选项组中选择"纵向"，如图 3-5 所示，单击"确定"按钮。

图 3-4 "页面设置"按钮　　　　　　　　　图 3-5 "页面设置"对话框

c. 选择"文件"|"保存"命令，或单击"快速访问工具栏"中的"保存"按钮。

③ 将"自荐信"作为标题，下面插入一个空行，标题设置为居中、三号、黑体、加粗，并且字符间距为"加宽 15 磅"。

方法：

a. 光标定位在标题"自荐信"后，按【Enter】键。

b. 单击标题"自荐信"，选择"开始"选项卡中"字体"选项组右下角的"字体"按钮，弹出"字体"对话框，如图 3-6 所示，在"字体"对话框中选择"字体"选项卡，字体样式选择"黑体"，字号"三号"，加粗；在"字体"对话框中选择"高级"选项卡，间距选择"加宽"，磅值输入 15 磅，单击"确定"按钮。

c. 单击"开始"选项卡中的"段落"选项组右下角的"段落"按钮，弹出"段落"对话框，如图 3-7 所示。

图 3-6 "字体"对话框　　　　　　　　　图 3-7 "段落"对话框

　　d. 在"段落"对话框中选择"缩进和间距"选项卡，在"常规"选项组的"对齐方式"中选择"居中"，单击"确定"按钮。或者使用"开始"选项卡的"字体"选项组和"段落"选项组中的按钮，标题设置为居中、三号、黑体、加粗，如图 3-8 所示。

图 3-8　"字体""段落"选项组

　　④ 将自荐信中的"尊敬的领导："设置为黑体、四号，两端对齐；在该文档最后插入系统日期，并自动更新；将日期和"自荐人：赵小刚" 设置为黑体、四号，右对齐，段前距 0.5 行。

　　方法：

　　a. 选中"尊敬的领导："，选择"开始"选项卡，在"字体"选项组将字体中设置为"黑体"，字号"四号"。

　　b. 在"开始"选项卡的"段落"选项组中选择"两端对齐"。

　　c. 在自荐信的最后插入日期，选择"插入"选项卡，选择"文本"选项组中的"日期和时间"命令，弹出"日期和时间"对话框，如图 3-9 所示，选择日期和时间格式，并选中"自动更新"复选框。

　　d. 选中日期和"自荐人：赵小刚"，选择"开始"选项卡，在"字体"选项组中将字体设置"黑体"，字号设置为"四号"。

　　e. 在"开始"选项卡的"段落"选项组中选择"右对齐"。

　　f. 在"开始"选项卡的"段落"选项组中选择"行和段落间距"按钮的下拉列表，选择"行距选项"，弹出"段落"对话框，设置段前距 0.5 行。

图 3-9　"日期和时间"对话框

　　⑤ 文档其余部分从"您好！"到"敬礼！"均设为宋体、小四号，两端对齐，首行缩进 2 个字符，并设置行间距为"1.5 倍行距"。

　　方法：

　　a. 选中"您好！"到"敬礼！"之间的部分，选择"开始"选项卡，在"字体"选项组中将字体设置为"宋体"，字号设置为"小四号"。

　　b. 在"开始"选项卡的"段落"选项组中选择"两端对齐"。

　　c. 在"开始"选项卡的"段落"选项组中选择"行和段落间距"按钮的下拉列表，选择"行距选项"，弹出"段落"对话框，设置首行缩进 2 个字符，1.5 倍行距。

　　⑥ 利用水平标尺，取消正文中"敬礼！"段落的首行缩进设置。

　　方法：

　　将光标定位在"敬礼！"段落任意处，向左拖动水平标尺中的"首行缩进"标记，拖到与"左缩进"处重叠即可，如图 3-10 所示。

图 3-10 利用水平标尺取消首行缩进

⑦ 使用"查找与替换"将文档中的"学习"一词更改为红色字体并加着重号，将设置好的自荐信文档按原文件名存盘。

方法：

光标位在正文的开始处，单击"开始"选项卡，选择"编辑"选项组中的"替换"命令，打开"查找和替换"对话框，在"查找内容"文本框中输入"学习"，在"替换为"文本框中也输入"学习"，单击"更多"按钮，选中替换为中的"学习"，单击"格式"按钮，在列表中选择"字体"，如图 3-11 所示，打开"替换字体"对话框，如图 3-12 所示，字体颜色选为"红色"，着重号选择"．"，单击"确定"按钮，回到"查找和替换"对话框中，单击"全部替换"按钮，在弹出的提示框中选择"是"，关闭"查找和替换"对话框，单击"快速访问"工具栏中的"保存"按钮，保存文档。

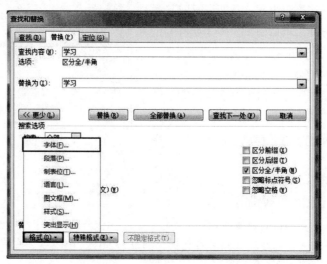

图 3-11 "查找和替换"对话框

2．"个人简历"表格的制作

"个人简历"表格效果图如图 3-13 所示。

① 在自荐信的下一页创建文档空白页。

方法：将光标定位在自荐信文档的最后，打开"页面布局"选项卡，选择"分隔符"下拉列表中的 "分页符"，在原文档的最后出现空白页，光标自动位于新的一页开头的位置。

② 在文档最前面插入一个文本框，输入文字"个人信息"，设置为黑体、三号、加粗、白色。文本框高度为 1 cm，宽度为 16 cm，填充颜色为浅蓝，线条颜色为无线条颜色，文本框的内部边距全部为 0，且文本框在页面中居中显示。

图 3-12　"替换字体"对话框

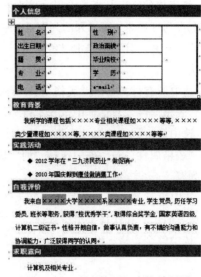

图 3-13　"个人简历"表格效果图

方法：

a. 单击"插入"选项卡，选择"文本框"下拉列表中的"简单"文本框"命令，在文档中添加文本框。

b. 在文本框中输入文字"个人信息"，选中文字，打开"开始"选项卡，在"字体"选项组中设置字体为黑体、三号、加粗、白色。

c. 选中文本框，单击"绘图工具/格式"选项卡，单击"形状样式"右下角的"设置形状格式"按钮，弹出"设置形状格式"窗格，如图 3-14 所示。

图 3-14　"设置形状格式"窗格

d. 在"设置形状格式"窗格中选择"形状选项"，设置文本框的填充颜色为"浅蓝"，线条颜色选择"无线条颜色"。

e. 在"设置形状格式"窗格中选择"形状选项"下的"布局属性"按钮，内部边距上、下、左、右均设为 0 厘米。

f. 在"绘图工具/格式"选项卡的"大小"选项组中设置文本框的高度为 1 厘米，宽度为 16 厘米，如图 3-15 所示。

g. 选中文本框，单击"绘图工具/格式"选项卡，在"排列"选项组中单击"对齐"下拉按钮，选择"水平居中"，即文本框居中显示。

③ 创建个人信息文本框的下方创建一个 5 行 5 列的表格。

图 3-15　"大小"选项组

方法：

a. 将光标定位在新一段落开始处。

b. 单击"插入"选项卡，打开"表格"的下拉列表，选择"插入表格"，在"插入表格"对话框中，行数、列数均设输入 5，如图 3-16 所示，然后单击"确定"按钮。

④ 将表格的所有行高都设置为最小值 1 厘米；第一列和第三列的列宽都设为 2.5 厘米，第五列的列宽设为 3 厘米，第二列的列宽 3.9 厘米，第四列的列宽 3.6 厘米；并将第五列的第一行至第五行单元格合并；且表格居中显示。

方法：

a. 选中所有行，单击"表格工具/布局"选项卡中的"属性"按钮，弹出"表格属性"对话框，在"表格属性"对话框中选择"行"选项卡，将行高设为 1 厘米，最小值。

b. 选中第一列，单击"表格工具/布局"选项卡中的"属性"按钮，弹出"表格属性"对话框，在"表格属性"对话框中选择"列"选项卡，将宽度设为 2.5 厘米，用同样的方法设置其他各列的列宽。

c. 选中第五列的第一至第五行单元格，单击"表格工具/布局"选项卡中的"合并单元格"按钮；或者右击，在快捷菜单中选择"合并单元格"命令。

d. 选中整个表格，单击"开始"选项卡，在"段落"选项组中单击"居中"按钮，表格居中显示。

⑤ 按样表在相应单元格内输入文字，将文字设置为宋体、四号，所有文字在单元格内垂直居中对齐。

方法：

按样表在相应单元格内输入文字，选中所有文字，单击"开始"选项卡，设置宋体、四号。选中所有文字，单击"表格工具/布局"选项卡中"单元格大小"选项组右下角的"表格属性"按钮，弹出"表格属性"对话框，在"表格属性"对话框中选择"单元格"选项卡，在"垂直对齐"选项组中选择"居中"，然后单击"确定"按钮，如图 3-17 所示。

图 3-16 "插入表格"对话框

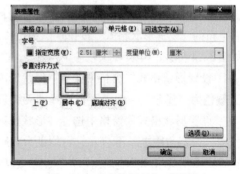

图 3-17 "表格属性"对话框

⑥ 将表格的外边框设置为 0.5 磅双线，第一列和第三列添加白色，背景 1，深色 15% 的底纹。

方法：

a. 将光标定位在表格中的任意单元格内，单击"表格工具/设计"选项卡，选择"边框"选项组中"边框"的下拉列表中的"边框和底纹"，弹出"边框和底纹"对话框，如图 3-18 所示。

b. 选择"边框"选项卡，"设置"为"自定义"，样式为双线，宽度为 0.5 磅，在"预览"处单击 4 个边框按钮，应用于"表格"，然后单击"确定"按钮。

c. 选中表格第一列，按住【Ctrl】键再选中第三列，单击"表格工具/设计"选项卡，选择"表格样式"选项组中"底纹"的下拉列表，如图 3-19 所示。

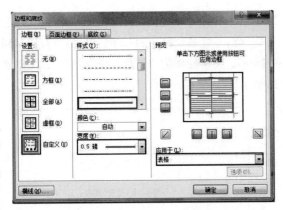

图 3-18　"边框和底纹"对话框

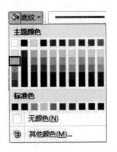

图 3-19　"底纹"下拉列表

选择白色，背景 1，深色 15%。

⑦ 设置教育背景文本框及相关内容。

方法：

选择个人信息文本框，复制到表格下方，修改文字为"教育背景"，输入教育背景部分其他文字，并将文字设置为宋体、四号，首行缩进 2 个字符，1.5 倍行距；选中文字"我所学的课程……"，单击"开始"选项卡，在"段落"选项组"行和段落间距"按钮 的下拉列表中选择"行距选项"，弹出"段落"对话框，选择"缩进和间距"选项卡，在缩进区域左侧和右侧均选择"2 字符"，如图 3-20 所示。

图 3-20 "段落"对话框

◎温馨提示

　　"教育背景""实践活动""自我评价""求职意向"各部分还可以使用表格来实现或者是自选图形中的矩形来完成。

⑧ 设置实践活动文本框及相关内容。

方法：

选择个人信息文本框，复制到表格下方，修改文字为"实践活动"，按样图输入实践活动部分其他文字，并将文字设置为宋体、四号，首行缩进 2 字符，1.5 倍行距，左右缩进 2 字符。选中输入的两行文字，单击"开始"选项卡"，在"段落"选项组中单击"项目符号"下拉按钮，在下拉列表中选择◆符号，如图 3-21 所示。

使用相同的方法，完成自我评价和求职意向两部分内容，并保存个人简历文档。

3．"个人简历"封面的制作

① 插入"现代型"封面，并删除封面上的文字。

方法：

光标定位在"自荐信"前面，单击"插入"选项卡，选择"封面"下拉列表中的"花丝"封面，选中封面上的所有文字，选中后按【Delete】键删除。

② 在封面中插入艺术字"个人简历""姓名:""电话:"，艺术字样式为第一行第二列艺术字样式，字体为隶书，加粗，"个人简历"字号为 48，"姓名：赵小刚"和"电话：13712345678"字号为 20，艺术字文本填充为"红色，深色 25%"，文本轮廓为"红色，淡色 60%"，文本效果为阴影中的外部右下斜偏移，效果图如图 3-22 所示。

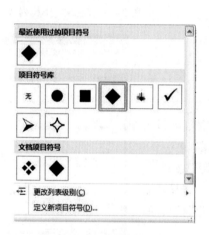

图 3-21 "项目符号"列表

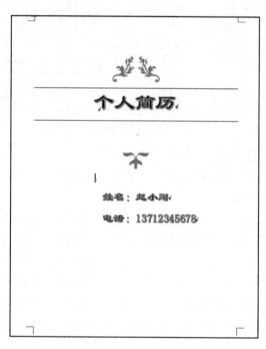

图 3-22 封面效果图

方法：

a. 单击"插入"选项卡，在"文本"选项组中单击"艺术字"下拉按钮，选择第一行第二列的艺术字样式，如图 3-23 所示

图 3-23 艺术字样式

输入"个人简历"，打开"开始"选项卡，设置为隶书，48 号。选中艺术字，打开"绘图工具/格式"选项卡，单击"艺术字样式"选项组中"文本填充"下拉按钮，在列表中选择"红色，个性色 2，深色 25%"，在"文本轮廓"的下拉列表中选择"红色，个性色 2，淡色 60%"，在"文本效果"下拉列表中选择"阴影"中的外部"右下斜偏移"效果，并把"个人简历"拖放到封面适当的位置。

使用相同的方法，分别完成艺术字"姓名"和"电话"的制作。

b. 选择"文件"选项卡中的"保存"命令，最后保存完整的个人简历文档。

🌐 相关知识与技能

1. Word 2016 的启动与退出

（1）启动的方法

① 选择"开始"|"所有程序"|"Word 2016"命令启动 Word。

② 通过打开文档启动 Word。

③ 通过快捷方式启动 Word。

（2）退出 Word 的方法

① 选择"文件"|"退出"命令。

② 单击窗口右上角的"关闭"按钮。

③ 按【Alt+F4】组合键。

2．新建与保护文档

（1）新建文档

新建文档有两种，一种是新建空白文档，另一种是根据模板创建文档。

① 新建空白文档。

方法一：启动 Word 2016，Word 2016 将自动新建空白文档，命名为"文档 1"。

方法二：选择"文件"选项卡中的"新建"命令，在"可用模板"中单击"空白文档"，然后选右下角的"创建"按钮。如图 3-24 所示。

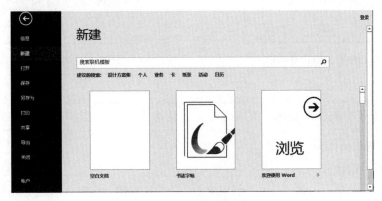

图 3-24　"新建文档"窗口

② 根据模板创建文档。单击"文件"选项卡中的"新建"命令，在"可用模板"中单击"书法字帖"按钮。

（2）保护文档

保护文档就是对文档进行各种保护，可以防止他人查看与修改内容。保护文档共有五种类型。

① "标记为最终状态"指让读者知晓文档是最终版本，并将其设置为只读。如果文档被标记为最终状态，则状态属性将设置为"最终状态"，并且将禁用键入、编辑命令和校对标志。

② "用密码进行加密"指需要使用密码才能打开此文档。

③ "限制编辑"指控制其他人可以对此文档所做的更改。用户可以限制对选定的样式设置格式，用户也可以设置在文档中进行如修订、批注等类型编辑。用户也可以设置不允许任何更改，即只读。

④ "限制访问"指授予用户访问权限，同时限制其编辑、复制和打印能力。

⑤ "添加数字签名"指通过添加不可见的数字签名来确保文档的完整性。

设置"用密码进行加密"的步骤如下：

① 选择"文件"选项卡中"信息"命令

② 单击"保护文档"下方的下拉按钮，出现"保护文档"下拉列表，如图 3-25 所示。

③ 在"保护文档"下拉列表单击"用密码进行加密"选项。这时，将出现"加密文档"对话框。

④ "加密文档"对话框中，输入密码，再单击"确认"按钮，如图 3-26 所示。这时，将出现"确认密码"对话框。

⑤ "确认密码"对话框中，输入密码，再单击"确定"按钮，如图 3-27 所示。

图 3-25 "保护文档"下拉列表

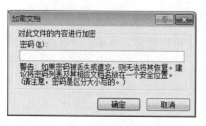

图 3-26 "加密文档"对话框

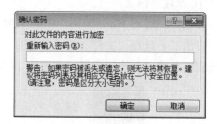

图 3-27 "确认密码"对话框

◎注意

如果已设置了密码，而密码丢失或遗忘，则使用常规方法无法将其恢复。

3. 符号和日期的输入

（1）特殊符号的输入

选择"插入"选项卡，在"符号"组中单击"符号"右侧下拉按钮，选择下拉列表中的"其他符号"选项。这时，出现"符号"对话框，选择所需要的符号，最后单击"插入"按钮。

（2）使用输入法的软键盘输入

打开输入法，单击小键盘按钮，在弹出的快捷菜单中选择一种符号的类别（如"特殊符号"），在弹出的虚拟键盘中单击所需的符号按钮即可，然后单击"关闭"按钮✖，即可关闭软键盘。

（3）插入日期

可以使用"插入"功能快捷插入日期和时间：

① 将插入点移动到要插入日期或时间的位置。

② 选择"插入"选项卡，在"文本"组中单击"日期与时间"按钮，弹出"日期与时间"对话框，在"日期与时间"对话框中，选择"可用格式"中的一种样式，"语言"选择"中文（中国）"，单击"确定"按钮。

③ 如果选择"自动更新"复选框，则插入的日期和时间会随着打开该文档的时间不同而自动更新。

（4）插入其他文件的内容

Word 允许在当前编辑的文档中插入其他文件的内容，利用该功能可以将几个文档合并成一个文档。插入其他文件内容的操作如下：

将插入点设置在要插入另一文档的位置，选择"插入"选项卡，在文本选项组中选择"对象"下拉列表中的"文件中的文字"，如图 3-28 所示，弹出"插入文件"对话框，在对话框中选择需要插入的文件名，单击"确定"按钮。

图 3-28　"文本"选项组

4．文本的操作

文本的编辑操作是指对文档内容进行修改和调整，如复制、移动和删除等基本操作，一般需要先选定对象再进行这些操作。

（1）选定文本

① 选定一行：鼠标移动到窗口左侧选定区时，光标将变成向右箭头，然后在选定区中，单击此行，表示选定一行。如果双击该段落任意行，可以选定一段；如果三击任一行，可以选定整个文档。

② 选定一段：将鼠标指针移到该段上方的任意位置连续三击，可选定该段。

③ 选定一个矩形区域：按住【Alt】键不放，然后将鼠标指针移到欲选区域的一角，按住左键拖动预选区域的对角。

④ 选定不连续文本：先选定部分文本，然后按住【Ctrl】键不放，同时再利用其他选择方法（在选定栏单击、用鼠标拖动或在段落中双击），可以选中不连续的文本。

⑤ 选定任意连续区域：在选定文本开始处单击，然后按住【Shift】键不放，在结尾处单击。

⑥ 选定全文：打开"开始"选项卡，在编辑选项组下拉列表中选择"全选"；或者按【Ctrl+A】组合键，均可选定全文。

（2）编辑文本

选定文本后，用户就使用"开始"选项卡或者快捷键来进行"移动""复制""粘贴"和"删除"等操作。

① 移动文本。移动文本可以把文本从一个位置调整到另一个位置。移动文本通常有三种方法。

方法一：先选定文本后，单击"开始"选项卡，在"剪贴板"组中单击"剪切"按钮，然后在适当位置单击"剪贴板"组中的"粘贴"按钮。

方法二：先选定文本后，按鼠标右键出现快捷菜单，选择"剪切"按钮，然后在适当位置右击，出现快捷菜单，选择"粘贴"按钮。

方法三：先选定文本后，按【Ctrl+X】组合键，然后在适当位置按【Ctrl+V】组合键。

② 复制文本。复制文本可以创建重复出现的文本，提高工作效率。复制文本通常有三种方法。

方法一：先选定文本后，单击"开始"选项卡，在"剪贴板"组中单击"复制"按钮，然后在适当位置单击"剪贴板"组中的"粘贴"按钮。

方法二：先选定文本后，按鼠标右键出现快捷菜单，选择"复制"按钮，然后在适当位置右击，出现快捷菜单，选择"粘贴"按钮。

方法三：先选定文本后，按【Ctrl+C】组合键，然后在适当位置按【Ctrl+V】组合键。

移动文本和复制文本是有区别的，主要区别是移动文本，指没有了原来位置上的文本，文本被移到新的位置上。复制文本，指原来位置上的文本还在，被复制一份到新的位置上。

③ 删除文本。删除文本可以删除多余的，或无用的文本。删除文本通常有两种方法。

方法一：先选定文本后，右击出现快捷菜单，选择"剪切"按钮。

方法二：先选定文本后，按【Delete】键。注意：用这种方法时，剪切板上无删除的文本。

5. 设置字符效果

打开"字体"对话框，在"字体"选项卡的"效果"选项组中根据需要选择复选框，如图 3-29 所示，

6. 查找与替换文本

查找、替换和定位命令都是 Word 2016 中非常实用的命令。用户可以快速完成查找、替换和定位工作。它们都放在"开始"选项卡下在"编辑"组中。

图 3-29　"字体"对话框

（1）查找

查找命令可以快速查找单词、词组或其他内容。例如在"自荐信.docx"中查找"学习"字符，方法是先单击"开始"选项卡，在"编辑"组中单击"查找"按钮（快捷键【Ctrl + F】）。这时，窗口右侧将出现"导航"窗格，输入"学习"文字，按【Enter】键。用户将通过"导航"窗格快速定位到"学习"，效果如图 3-30 所示。

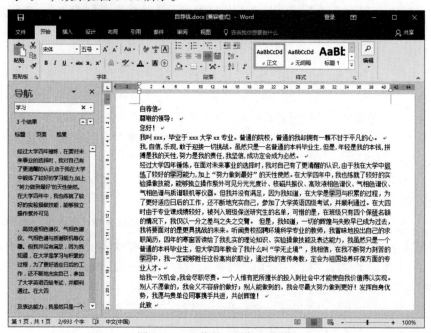

图 3-30　查找的"导航"窗格

（2）高级查找

如果查找特殊的字符，或特殊格式的单词和词组，可以用高级查找。

例如，查找文中的"学习"文字。方法是先单击"开始"选项卡，在"编辑"组中单击"查找"边上右侧下拉按钮，单击"高级查找"命令。这时，将出现"查找和替换"对话框，在"查找"选项卡中输入文字"学习"，在"阅读突出显示"下拉列表中选择"全部突出显示"，单击"查找下一处"按钮。用户可以看到文中的"学习"文字被突出显示。

（3）替换

替换命令可以在全文中替换掉文档中某些写错的或不合适的文字，也可以替换某些符号。

例如：如果用户要把网上下载的文档中的手动换行符换成段落标记。

具体步骤如下：

① 单击"开始"选项卡。

② 在"编辑"选项组中单击"替换"按钮。这时，将出现"查找和替换"对话框，如图 3-31 所示。

③ 在"查找和替换"对话框的"查找内容"框中定位光标，然后单击"特殊格式"按钮，在列表中选择"手动换行符"，将光标定位在"替换为"框中，然后单击"特殊格式"按钮，在列表中选择"段落标记"

④ 单击"全部替换"按钮。

图 3-31　"查找与替换"对话框

7. 分栏

如果要使文档具有类似于报纸的分栏效果，就要用到 Word 的分栏技术。每一栏就是一节，可以对每一栏单独进行格式化和版面设计。在分栏的文档中，文字是逐栏排列的，填满一栏后才转到下一栏。

要把文档分栏，必须切换到页面视图方式。在页面视图方式下选定要分栏的文本，选择"布局"选项卡，在"页面设置"组中单击"分栏"右侧下拉按钮▦分栏▾，打开分栏对话框，在下拉列表中进行相关设置。

8. 设置首字下沉

首字下沉指在段落开头创建一个大号字符，以便突出该段落，常用在报纸和杂志中。首字下沉有两种方法。

方法一：先选中一个字，再选择"插入"选项卡，在"文本"选项组里单击"首字下沉"按钮右侧下拉按钮 ，选择"下沉"按钮，如图 3-32 所示。

图 3-32 "首字下沉"选项及其效果图

方法二：先选中一个字，选择"插入"选项卡，在"文本"组里单击"首字下沉"按钮右侧下拉按钮 ，单击"首字下沉选项…"选项，出现"首字下沉"对话框，如图 3-33 所示。在"首字下沉"对话框中，进行相关设置。

9. 表格标题的生成及重复

① 选中表格中要重复的信息行（一行或多行）。

② 选择"表格工具/布局"选项卡中的"数据"选项组中单击"重复标题行"按钮，在后续表中出现了重复的标题。

10. 表格中的文字方向与对齐

① 文字方向。要改变文字方向，单击"表格工具/布局"选项卡中的"对齐方式"选项组中单击"文字方向"按钮；或者是"页面布局"选项卡中选择"文字方向"

② 文字对齐。单击"表格工具/布局"选项卡中的"对齐方式"选项组中单击相应的文字对齐方式按钮。

11. 制作表格斜线表头

① 把光标定位到表格中的任一单元格内，选择"表格工具/设计"选项组中的"边框"下拉列表，选择"斜下框线"命令，如图 3-34 所示，即绘制了斜线表头。

② 使用【Space】键和【Enter】键在斜线表头的每一部分输入文字。

◎温馨提示

如果斜线表头是三部分显示，使用"插入"选项卡中的"形状"里的直线直接绘制，然后使用【Space】键和【Enter】键在斜线表头的每一部分输入文字。

图 3-33　"首字下沉"对话框　　　　　图 3-34　"边框"的下拉列表

12．表格和文本的互换

（1）表格转换文字

表格转换文字指将表格转换为常规文本。方法：先选中表格，选择"表格工具/布局"选项卡，单击"数据"选项组下方的下拉按钮 ，选择"转换为文本"按钮。这时，出现"表格转换成文本"对话框，如图 3-35 所示。在"表格转换文本"对话框中，"文字分隔符"选择合适的分隔符，单击"确定"按钮即可。

（2）文字转换表格

文字转换表格指文字可以通过一定方式转换成表格。

方法：先选中要转换的文字，选择"插入"选项卡，单击"表格"选项组下方的下拉按钮 ，选择"文字转换表格…"选项。这时，出现"文字转换表格"对话框。在"文字转换表格"对话框中，对"表格尺寸"和"文字分隔位置"等设置合适值。最后单击"确定"按钮。

13．表格中的函数计算

① 将光标定位到存放运算结果的单元格中，选择"表格工具/布局" 选项卡，单击"数据"选项组中的"公式"命令，弹出"公式"对话框，如图 3-36 所示。

图 3-35　"表格转换成文本"对话框　　　　图 3-36　"公式"对话框

② 在"公式"文本框中输入公式。

③ 在"数字格式"下拉列表中选择或自定义数字格式。

④ 在"粘贴函数"下拉列表中选择所需函数，被选择的函数将自动粘贴到"公式"文本框中。

⑤ 单击"确定"按钮，关闭对话框，在单元格中出现计算结果。

14．公式操作

Word 中提供了公式编辑器，使用公式编辑器可以方便地输入一些特定的公式并对其进行编辑。

（1）打开公式编辑器

将插入点移动到要输入公式的位置，选择"插入"选项卡，在"文本"选项组中单击"对象"，在下拉列表中选择"对象"命令，弹出"对象"对话框，在"新建"选项卡中选择"Microsoft 公式 3.0"选项。

（2）插入符号和选择模板

打开公式编辑器后，出现一个嵌入式子窗口，公式编辑器窗口中自动出现"公式"工具栏，该工具栏中有许多按钮，每个按钮代表一种类型的公式模板。要输入哪一类公式，单击相应类别的模板即可，如在文档中输入以下公式。

$$(qI+N)^{n-2}=(qI)^{n-2}+(n-2)(qI)^{n-3}N$$

（3）编辑公式

① 要修改现有的公式，只要双击公式，即可快速切换到"公式编辑器"界面。

② 要改变公式的整体尺寸，可单击公式，然后拖动公式四角或四边的控制点。

③ 在"公式"编辑器界面中选中某些内容后，按住【Ctrl】键不放，选择上、下、左、右方向键，可以对选中的内容进行位置上的微调。

任务 2　宣传单的制作

任务描述

全民健身旨在全面提高国民体质和健康水平，倡导全民做到每天参加一次以上的体育健身活动，学会两种以上的健身方法，从而使人民身体强健。社区居委会为了更好地开展全民健身活动，请小刚制作一份宣传单。

任务分析

宣传单是广告宣传中最大众化的媒介形式，在 Word 中使用图片、形状、文本框、艺术字等元素，并运用一定的设计知识和制作技巧，就可以制作出简洁、精美且具有吸引力的宣传单。制作完成的宣传单效果如图 3-37 所示。

图 3-37　宣传单效果图

任务实现

1. 新建 Word 文档

将其以"宣传单.docx"为名保存到桌面上。文档的页面大小设置为 A4 纸，方向为横向，页边距上为 2 厘米，下、左、右为 1.5 厘米。文档的背景颜色为渐变中的双色，蓝色显示（颜色 1："蓝色"，颜色 2："白色"），底纹样式为水平，变形中的第三种。

方法：

① 启动 Word 应用程序，创建一个新的 Word 文档，打开"文件"选项卡，选择"保存"命令，弹出"另存为"对话框，保存位置设置为"桌面"，文件名为"宣传单"，单击"保存"按钮。

② 打开"布局"选项卡，单击"页面设置"选项组右下角的页面设置按钮，弹出"页面设置"对话框，选择"纸张"选项卡，在"纸张大小"下拉列表中选择"A4"。单击"页边距"选项卡，"上"页边距设为 2 厘米，"下""左""右"页边距设为 1.5 厘米，纸张方区域向选择"横向"，然后单击"确定"按钮。

③ 打开"设计"选项卡，在"页面背景"选项组中单击"页面颜色"的下拉按钮，选择"填充效果"，弹出"填充效果"对话框，如图 3-38 所示。

④ 在弹出的对话框中选择"渐变"选项卡，在颜色区域选择"双色"，其中颜色 1 选择"蓝色"，颜色 2 选择"白色"，底纹样式选择"水平"，变形区域选择第三种。

2. 在文档的适当位置插入椭圆

椭圆的外边框为蓝色、16 磅、线型为三线的实线，并在椭圆中添加素材文件夹中的"运动.jpg"图片，使图片与形状一起旋转；椭圆图片的图片效果为"发光"中的"红色，18pt 发光"。

方法：

① 打开"插入"选项卡，单击"形状"的下拉按钮，选择椭圆，在文档中绘出大小合适的椭圆，选中椭圆，椭圆上边框出现"自由旋转"小按钮，使用鼠标拖动的方法将其调整到适当的位置。

② 选中椭圆，打开"绘图工具/格式"选项卡，单击"形状样式"选项组右下角的"设置形状格式"按钮 ，弹出"设置形状格式"窗格，选择"填充与线条"下的"填充"，如图 3-39 所示

图 3-38 "填充效果"对话框　　　　　图 3-39"设置形状格式"窗格中的"填充"

选择"图片或纹理填充"单选按钮，再单击"文件"按钮，选择素材文件夹中的"运动.jpg"图片，在设置形状格式窗格中选中"与形状一起旋转"复选框。

③ 在"设置图片格式"窗格中选择"线条"，选择"实线""蓝色"，如图 3-40 所示。复合类型选择"三线"，宽度输入 16 磅，单击"关闭"按钮。

④ 选中椭圆，打开"图片工具/格式"选项卡，在"图片样式"选项组中单击"图片效果"下拉按钮，选择"发光"中的"橙色，18pt 发光，个性色 2"。

3．在文档中插入艺术字

在文档中插入艺术字"健康是人生第一财富"，艺术字样式为第一行第三列的"填充-橙色，着色 2，轮廓-着色 2"样式，字体为华文行楷，字号为 28 磅；文字填充红色，文字轮廓为黑色，文本效果为腰鼓。在文档中插入艺术字"我运动 我青春"，艺术字样式为第一行第三列样式，字体为隶书，字号为 36 磅，文本填充颜色为红色，文本轮廓颜色为黄色。

方法：

① 选择"插入"选项卡，在"文本"选项组中单击"艺术字"右侧下拉按钮 艺术字 ，在下拉列表中选择第一行第三列的"填充-橙色，着色 2，轮廓-着色 2"艺术字样式。

② 在文档的艺术字位置输入文本"健康是人生第一财富"，选中文本，打开"开始"选项卡，设置字体为华文行楷，字号为 28 磅。

③ 打开"绘图工具/格式"选项卡，在"艺术字样式"选项组中选择"文本填充"下拉列表中的"红色"，选择"文本轮廓"中的"黑色"，在"文本效果"的下拉列表中选择"转换"中的"腰鼓"。

④ 使用同样的方法插入艺术字"我运动 我青春"（文字输入完成后，在每个文字后按【Enter】

键，使文本竖排显示）。

4．在文档中插入简单文本框

在文档中插入简单文本框，输入文字"儿童健身，天真活泼；青年健身，朝气蓬勃；中年健身，强身壮体；老年健身，延年益寿。"文本框的大小：高 3.5 厘米，宽 6 厘米；无填充颜色；线条颜色：紫色；虚实：长画线–点；线型：双线；粗细：3 磅；文本框内部边距均为 0 厘米，文字宋体、小四号，水平居中，1.5 倍行距。

方法：

① 打开"插入"选项卡，单击"文本框"下拉按钮，在列表中选择"简单文本框"命令，输入文字"儿童健身，天真活泼；青年健身，朝气蓬勃；中年健身，强身壮体；老年健身，延年益寿。"

② 选中文本框，打开"绘图工具/格式"选项卡，在"大小"选项组中输入"3.5 厘米和 6 厘米"。

③ 选中文本框，在"绘图工具/格式"选项卡中，单击"形状样式"选项组中"形状填充"下拉按钮，选择 "无填充颜色"；单击"形状轮廓"下拉按钮，选择标准色中的紫色；单击"形状样式"选项组中右下角"设置形状格式"按钮，弹出"设置形状格式"窗格，如图 3–41 所示，

选择 "复合类型"的双线，在"短画线类型"处选择"长画线–点"，在宽度处输入"3 磅"，单击 "文本选项"，单击"布局属性"按钮，上、下、左、右边距均输入 0，单击"关闭"按钮。

图 3–40　"设置图片格式"窗格（1）

图 3–41　"设置形状格式"窗格（2）

④ 选中文本框中的文字，打开"开始"选项卡，在"字体"选项组中设置宋体、小四号字；在"段落"选项组中设置居中，1.5 倍行距。

5．输入文字

在文档中插入简单文本框，输入文字"运动项目、健身操、跳绳、抖空竹、太极拳、踢毽子"，适当调整文本框的大小，文本框无边框，文字宋体小四号，1.5倍行距，并添加项目符号。

方法：

① 打开"插入"选项卡，单击"文本框"下拉按钮，在列表中选择"简单文本框"命令，输入文字"运动项目""健身操""跳绳""抖空竹""太极拳""踢毽子"，选中文本框，拖动鼠标，将文本框调整为合适的大小，并在"开始"选项卡的"字体选项组中"设置文字为宋体、小四号，1.5倍行距。选中"健身操""跳绳""抖空竹""太极拳""踢毽子"。

② 选中文本框，打开"绘图工具/格式"选项卡，在"形状样式"选项组中选择"形状轮廓"下拉列表中的"无轮廓"，去掉文本框的边框。

③ 选中除"运动项目"外的其他文本，打开"开始"选项卡，在"段落"选项组中选择项目符号的下拉按钮，在项目符号列表中选择◇符号。

6．在文档中插入素材

在文档中插入素材文件夹中的"logo.png"图片，图片大小缩放为原来图片的30%，插入简单文本框，输入文字"全民健身日"，方正舒体，二号，水平居中，适当调整文本框的大小，文本框无填充颜色、无轮廓，图片与文本框左右居中对齐，并组合。

方法：

① 打开"插入"选项卡，单击"图片"命令，在素材文件夹中找到"logo.png"图片并插入。选定图片，打开"图片工具/格式"选项卡，在"排列"选项组中单击"环绕文字"的下拉按钮，在列表中选择任意一种"四周型文字环绕"；并将图片拖到适当位置，单击"大小"选项组中右下角的"高级版式：大小"按钮，弹出"布局"对话框，如图3-42所示。

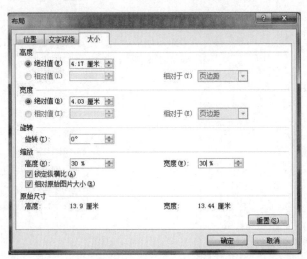

图3-42 "布局"对话框

选择"大小"选项卡，选中"锁定纵横比"复选框，在"缩放"选项组的"高度"框中输入30%，单击"确定"按钮。

② 打开"插入"选项卡，单击"文本框"下拉按钮，在列表中选择"简单文本框"命令，

输入文字"全民健身日"。选中文字，打开"开始"选项卡，设置字体为"方正舒体"、二号、水平居中。选中文本框，打开"绘图工具/格式"选项卡，在"形状样式"选项组中的"形状填充"列表中选择"无填充颜色，在"形状轮廓"列表中选择"无轮廓。

③ 选中图片，按住【Shift】键选择文本框（同时选中文本框和图片），打开"绘图工具/格式"选项卡，在"排列"选项组中单击"对齐"下拉按钮，在列表中选择"水平居中"，再单击"组合"下拉按钮，选择组合，适当调整组合后的对象位置。

7. 在文档中添加自选图形

在文档中添加自选图形"星与旗帜"中的"波形"，输入文字"运动 快乐"，文字为方正舒体，二号，水平居中；自选图形填充绿色，无轮廓；形状效果为外部阴影的"左上斜偏移"效果。

方法：

选择"插入"|"插图"|"形状"|"星与旗帜"|"波形"选项，在文档中按下鼠标左键拖动鼠标，画出自选图形，在自选图形中右击，选择"添加文字"命令，输入"运动 快乐"，设置字体为方正舒体，二号，水平居中；选中自选图形，单击"绘图工具/格式，在"样式形状"选项组中单击"形状填充"下拉按钮，选择标准色中的"绿色"，在"形状轮廓"下拉列表中选择"无轮廓"，在"形状效果"下拉列表中选择外部阴影的"左上斜偏移"。

相关知识与技能

1. 艺术字

艺术字就是各种各样的美术字，它变化万千，千姿百态。艺术字给文档增添了强烈的视觉效果，越来越被大众喜欢，它广泛应用于宣传、广告、商标、标语、黑板报、各类广告、报纸杂志等。

（1）编辑艺术字

对艺术字的设置有艺术字样式、艺术字形状轮廓、艺术字形状填充和更改艺术字形状、三维旋转等设置，这会带来让你意想不到的效果。

艺术字格式设置方法是先选中艺术字，然后在"绘图工具/格式"选项卡中"艺术字样式"选项组中设置，如图 3–43 所示。

图 3–43　"绘图工具/格式"选项卡

① 选择"艺术字样式"选项组"快速样式"下拉列表，可以对艺术字外观更改样式。

② 选择"艺术字样式"选项组"文本填充"按钮对选定艺术字使用纯色、渐变、图片或纹理填充。

③ 选择"艺术字样式"选项组"文本轮廓"按钮对艺术字设置轮廓的颜色、宽度和线型。

④ 选择"艺术字样式"选项组"文本效果"按钮对艺术字设置外观效果，如阴影、发光、映像或三维旋转等。

⑤ 如果对艺术字格式进行详细设置，可通过"艺术字样式"组右下角的 按钮。这时，弹

出"设置形状格式"窗格，如图 3-44 所示。在"设置形状格式"对话框中进行相关设置。

⑥ 选择"绘图工具/格式"选项卡中"大小"下拉列表，选择合适高度和宽度，可以对艺术字大小进行精确设置。

（2）删除艺术字

删除艺术字，也像删除字符一样。方法是先选中艺术字，再按【Delete】键，就可以删除艺术字。

2. 文本框格式的设置

对文本框的设置有样式设置、填充效果和文字效果等设置。设置文本框样式的方法是单击绘制的文本框。这时，窗口上方出现"绘图工具/格式"选项卡，选择"形状样式"选项组中各个按钮进行相关设置。

- 选择"插入形状"选项组中"绘制横排文本框"按钮 ，可以插入横排和竖排文本框。
- 选择"形状样式"选项组中"形状样式"列表框，可以对文本框或条线的外观样式进行更改。
- 选择"形状样式"选项组中"形状填充"按钮对选定文本框使用纯色、渐变、图片或纹理填充。
- 选择"形状样式"选项组中"形状轮廓"按钮对选定文本框设置轮廓的颜色、宽度和线型。
- 选择"形状样式"选项组中"形状效果"按钮对选定文本框设置外观效果，如阴影、发光、映像或三维旋转等。

如果单击"形状样式"选项组右下角的 按钮。这时，出现"设置形状格式"窗格，如图 3-45 所示。在"设置形状格式"窗格中用户可以进行详细设置。

图 3-44 "设置形状格式"窗格

图 3-45 "设置形状格式窗格

3. 图形

在 Word 2016 中，图形和图片是两个不同的概念，图片一般来自文件，或者来自扫描仪和数码照相机等。而图形是指用 Word 绘图工具所画的图。Word 中图形包括直线、箭头、流程图、星与旗帜、标注等。

插入图形的方法是选择"插入"选项卡，在"插图"组中单击"形状"下方的下拉按钮 。这时，出现一个下拉列表，如图 3-46 所示。在下拉列表中选择"标注"选项组中的"圆角矩形标注"按钮。在文档窗口中，光标变成十字形，按住鼠标左键并拖动。这时，文档窗口将出现"圆角矩形标注"图形。最后，单击图形框中间，看见光标在里面闪烁，即可输入文字。

当用户选中图形，文档窗口上方出现在"绘图工具/格式"选项卡。在"绘图工具/格式"选项卡中可以设置图形格式，如图 3-47 所示。

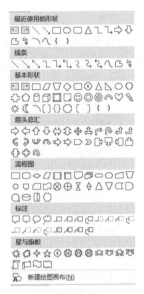

- 选择"插入形状"选项组中"形状"按钮下拉列表，可以插入各种样式的图形。
- 选择"插入形状"选项组中"编辑形状"按钮可以更改此绘图的形状，将其转换为任意多边形或编辑环绕点以确定文字环绕绘图的方式。
- 选择"形状样式"选项组中"形状样式"列表框，可以对图形或线条的外观样式进行更改。
- 选择"形状样式"选项组中"形状填充"按钮对选定图形使用纯色、渐变、图片或纹理填充。
- 选择"形状样式"选项组中"形状轮廓"按钮对选定图形设置轮廓的颜色、宽度和线型。
- 选择"形状样式"选项组中"形状效果"按钮对选定图形设置外观效果，如阴影、发光、映像或三维旋转等。

图 3-46　"形状"下拉列表

图 3-47　"绘图工具/格式"选项卡

4．SmartArt 图形

插入 SmartArt 图形就是在文档中插入丰富多彩、表现力丰富的 SmartArt 示意图。SmartArt 图形是用直观的方式交流信息，包括图形列表、流程图以及更为复杂的图形，从而快速、轻松、有效地传达信息。

对于 SmartArt 图形中多余的或不用的文本框，用户可以通过选中文本框后，直接按【Delete】键删除。通过这种方法可以改变 SmartArt 图形中的元素。

插入 SmartArt 图形后，在文档窗口上方将出现"SmartArt 工具/设计"和"SmartArt 工具/格式"选项卡。

在"SmartArt 工具/设计"选项卡中对 SmartArt 图形样式、布局、颜色、是否添加形状等进行设置。

在"SmartArt 工具/格式"选项卡中对 SmartArt 图形形状样式、形状、文字样式等格式进行设置。

5．页面背景

页面背景是指显示于 Word 文档底层的颜色或图案。页面背景不仅丰富了 Word 文档的页面显示效果，还能够渲染主体，使排版更加生动。

（1）设置单色页面背景

设置单色页面背景的方法是单击"设计" | "页面背景" | "页面颜色"按钮右侧下拉按钮

页面颜色 ▾，在打开的页面颜色面板中选择"主题颜色"或"标准色"中合适的颜色。

如果用户觉得"主题颜色"和"标准色"中的颜色无法满足需要，可以单击"其他颜色…"按钮。这时，出现"颜色"对话框，在打开的"颜色"对话框中选择"自定义"选项卡，选择合适的颜色值即可。

（2）设置纹理背景和图片背景

纹理背景主要使用 Word 内指定的纹理进行设置，而图片背景则可以由用户使用自定义图片进行设置。

在文档窗口中设置纹理或图片背景的方法是单击"设计"|"页面背景"|"页面颜色"按钮，并在下拉列表中选择"填充效果"选项。这时，出现"填充效果"对话框，选择"纹理"选项卡，选择其中合适的纹理图片即可，或者单击"其他纹理"按钮还能够上传自己的纹理素材。

如果用户需要使用自定义的图片作为背景，可以在"填充效果"对话框中切换到"图片"选项卡，单击"选择图片"按钮。这时，出现"选择图片"对话框。在"选择图片"对话框中，选择合适的图片，单击"插入"按钮即可。

6. 主题设置

主题是一组格式选项，包括一组主题颜色、一组主题字体（包括标题字体和正文字体）和一组主题效果（包括线条和填充效果）。用户使用主题，可以快速改变文档的整体外观，主要包括字体、字体颜色和图形对象的效果。

使用主题的方法是单击"设计"|"主题"|"主题"下方的下拉按钮▦，再在下拉列表中选择适合的主题。

7. 图文混排

用户先在文档中插入剪贴画、图片、艺术字等，然后就可以进行图文混排。图文混排就是将文字与图片混合排列，文字可在图片的四周、嵌入图片下面、浮于图片上方等。

图文混排方法是先选中某张图片，再选择打开的"图片工具/格式"选项卡中，在 "排列"组中单击"位置"下方的下拉按钮▦。这时，出现"位置"下拉列表，如图 3-48 所示。在"位置"下拉列表中选择合适的文字环绕按钮。

这些文字环绕方式包括"顶端居左，四周型文字环绕""顶端居中，四周型文字环绕""顶端居右，四周型文字环绕""中间居左，四周型文字环绕""中间居中，四周型文字环绕""中间居右，四周型文字环绕""底端居左，四周型文字环绕""底端居中，四周型文字环绕""底端居右，四周型文字环绕"九种文字环绕方式。效果可以从文字环绕按钮图标上可以看到。

其实除这九种文字环绕方式按钮外，还有其他环绕方法，如"穿越型""衬于文字下方""浮于文字上方"等。

方法是单击"位置"|"其他布局选项…"按钮。这时，将出现"布局"对话框，如图 3-49 所示，在"布局"对话框，单击"文字环绕"选项卡，选择"环绕方式"中的一种，最后单击"确定"按钮。

用户可以让图片放置文字下方，方法是在"布局"对话框中选择"衬于文字下方"按钮即可。

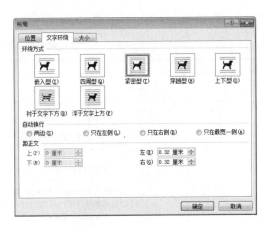

图 3-48　"位置"下拉列表　　　　　　　　　图 3-49　"布局"对话框

任务 3　毕业论文的制作

任务描述

小刚快大学毕业了，在张老师的指导下完成了自己的毕业设计，并根据自己的毕业设计作品写出了论文，但张老师说，小刚的论文排版不符合要求，需要重新调整。小刚在好朋友的指导下完成了论文的排版工作。

任务分析

本任务主要完成的工作是为小刚的毕业论文设置对应格式，添加标题、添加目录，并根据实际需求添加页眉和页脚。通过该任务让读者掌握 Word 2016 长文档排版知识中自动提取目录及按节添加页眉和页脚的方法。

任务实现

1．打开素材文件夹

打开素材文件夹中的"论文素材.docx"文件，以"毕业论文排版.docx"为名，将其另存到桌面上。将毕业论文文档的页面大小设置为 A4 纸，页边距上、下为 2 厘米，左 3 厘米，右 1.5 厘米，装订线在左侧。

方法：

① 打开"论文素材.doc"文档，选择"文件"选项卡中的"另存为"命令，弹出"另存为"对话框，保存位置设置为"桌面"，文件名为"毕业论文排版"，单击"保存"按钮。

② 单击 "布局"选项卡|"页面设置"|"纸张大小"下拉列表，选择"A4"；单击"页边距"下拉列表，选择"自定义边距"，打开"页面设置"对话框，选择"页边距"选项卡，页边距设置为上、下 2 厘米，左 3 厘米，右 1.5 厘米，装订线位置选择左，然后单击"确定"按钮。

2．修改 Word 模板中的样式

根据论文标题使用多级符号的要求，按照表 3-1 所示，对 Word 模板中的样式进行修改，效

果图如图 3-50 所示。

表 3-1　标题样式与对应的修改要求

名　　称	字　　体	字　　号	间　　距	对 齐 方 式
正文	宋体	小四号	1.5 倍行距	首行缩进 2 个字符
标题 2	黑体	四号	1.5 倍行距	首行缩进 2 个字符
标题 1	黑体	小三号、加粗	1.5 倍行距，段前、段后距均为 0.5 行	首行缩进 2 个字符

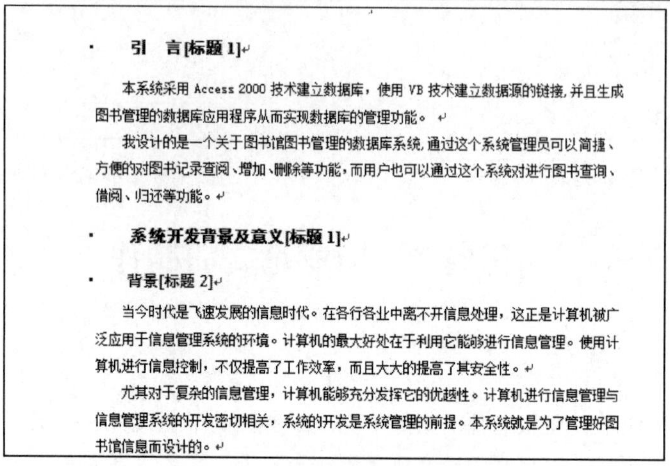

图 3-50　设置样式后的效果图

方法：

① 选择"开始"选项卡，在"样式"选项组 中单击右下角的小按钮 ，窗口右侧出现"样式"窗格，如图 3-51 所示。

在打开的"样式"窗格中，单击"正文"的下拉按钮，在下拉列表中选择"修改"按钮，弹出"修改样式"对话框，如图 3-52 所示。

图 3-51　"样式"窗格

图 3-52　"修改样式"对话框

在对话框中设置宋体、小四号字，在"修改样式"对话框中单击"格式"按钮，选择"段落"命令，弹出"段落"对话框，设置首行缩进 2 个字符，1.5 倍行距，依次单击"确定"按钮，此时整篇文档的格式都设置成了正文所要求的格式。

② 光标定位在"背景[标题 2]"行，在"样式"窗格中，将鼠标移到"标题 2"处，打开下拉列表，选择"修改"命令，弹出"修改样式"对话框，在该对话框中设置黑体、四号字。在"修改样式"对话框中单击"格式"按钮，选择"段落"命令，弹出"段落"对话框，设置首行缩进 2 个字符，1.5 倍行距，段前段后距为 0 行，依次单击"确定"按钮。

◎温馨提示

　　如果样式列表中没有"标题 2"，单击"样式"窗格左下角的"选项按钮，弹出 "样式窗格选项"对话框，如图 3-53 所示，选择要显示的样式中选择"所有样式"，然后单击"确定"按钮。

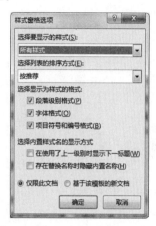

图 3-53 "样式窗格选项"对话框

③ 光标定位在"引言[标题 1]"行，在打开的"样式"窗格中，单击"标题 1"的下拉按钮，在下拉列表中选择"修改"按钮，弹出"修改样式"对话框，在对话框中设置黑体、小三号字、加粗，在"修改样式"对话框中单击"格式"按钮，选择"段落"命令，弹出"段落"对话框，设置首行缩进 2 字符、1.5 倍行距、段前段后距均为 0.5 行，依次单击"确定"按钮，在毕业论文文档中选中带有[标题 1]的标题，如"背景[标题 1]"，然后在"样式"窗格中单击"标题 1"，就将标题 1 设置成了所要求的格式。

使用相同的方法，把毕业论文文档中所有标有"[标题 1]和[标题 2]"的标题都设置成所要求的格式。

3. 使用多级符号给毕业论文文档中所有的标题设置层次格式

多级符号设置完成后的效果如图 3-54 所示。

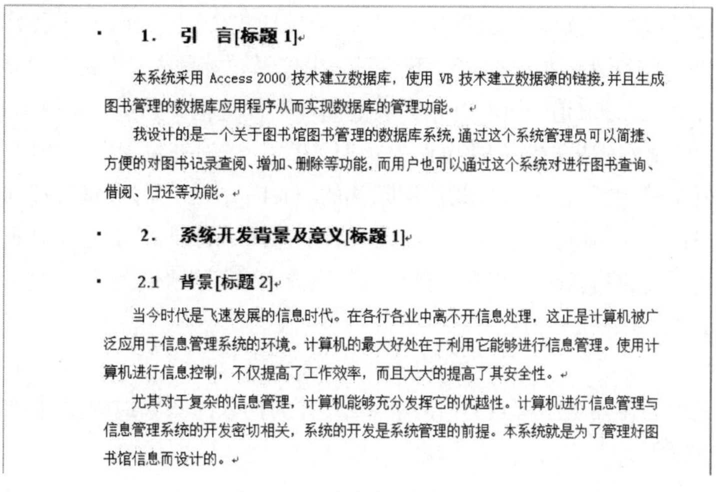

> **1. 引　言[标题 1]**
>
> 　　本系统采用 Access 2000 技术建立数据库，使用 VB 技术建立数据源的链接，并且生成图书管理的数据库应用程序从而实现数据库的管理功能。
>
> 　　我设计的是一个关于图书馆图书管理的数据库系统，通过这个系统管理员可以简捷、方便的对图书记录查阅、增加、删除等功能，而用户也可以通过这个系统对进行图书查询、借阅、归还等功能。
>
> **2. 系统开发背景及意义[标题 1]**
>
> **2.1 背景[标题 2]**
>
> 　　当今时代是飞速发展的信息时代。在各行各业中离不开信息处理，这正是计算机被广泛应用于信息管理系统的环境。计算机的最大好处在于利用它能够进行信息管理。使用计算机进行信息控制，不仅提高了工作效率，而且大大的提高了其安全性。
>
> 　　尤其对于复杂的信息管理，计算机能够充分发挥它的优越性。计算机进行信息管理与信息管理系统的开发密切相关，系统的开发是系统管理的前提。本系统就是为了管理好图书馆信息而设计的。

图 3-54 多级符号效果图

方法：

① 选中"背景[标题 2]"，打开"开始"选项卡中"段落选项组""中的"多级列表""按钮 的下拉列表，选择"定义新的多级列表"，如图 3-55 所示，

弹出"定义新的多级列表"对话框，单击"更多"按钮，打开图 3-56 所示的"定义新多级列表"的对话框，

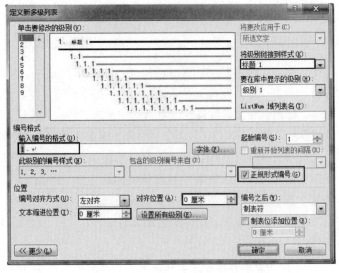

图 3-55　多级列表　　　　　　　　　图 3-56　"定义新多级列表"对话框

② 在"单击要修改的级别"区域选择"1"，编号样式"1."（原来显示的 1 不动，只在 1 后面加"."），在"将级别链接到样式"下拉列表中选择"标题 1"样式，"要在库中显示的级别"项中选择"级别 1"，取消"重新开始列表的间隔"复选框，选择"正规形式编号"复选框，在"位置"区域的"文本缩进位置"数值框中输入"0"，"对齐位置"数值框中输入"0"。接着单击级别列表框中的"2"，编号样式使用默认的"1.1"，在"将级别链接到样式"下拉列表中选择"标题 2"样式，"要在库中显示的级别"项中选择"级别 2"，选中"重新开始列表的间隔"复选框，在其下面的列表框中选择"级别 1"，选中"正规形式编号"复选框，文字缩进位置为 0，依次单击"确定"按钮。

4. 插入图片

将素材文件夹中的 4 幅图插入到文档的第 6 章，并为插入的图添加题注，格式设置为"图 6-"，其效果图如图 3-57 所示。

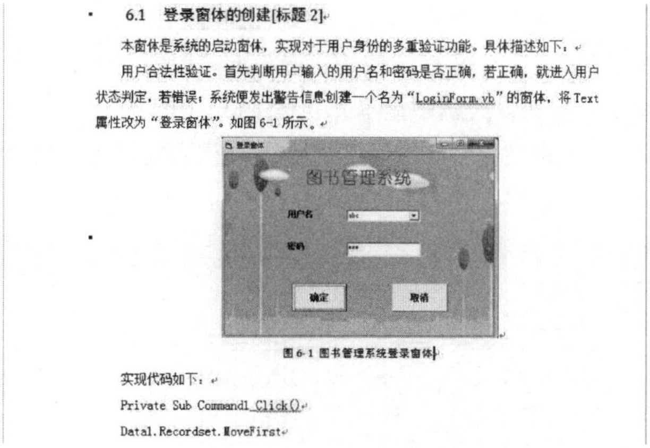

> **6.1 登录窗体的创建[标题 2]**
>
> 本窗体是系统的启动窗体，实现对于用户身份的多重验证功能。具体描述如下。
>
> 用户合法性验证。首先判断用户输入的用户名和密码是否正确，若正确，就进入用户状态判定，若错误，系统便发出警告信息创建一个名为"LoginForm.vb"的窗体，将Text属性改为"登录窗体"。如图 6-1 所示。
>
> 实现代码如下：
>
> Private Sub Command1_Click()
>
> Data1.Recordset.MoveFirst

图 3-57 插入图片的效果图

方法：

① 将光标定位在"6.1 登录窗体的创建"这部分内容的"如图 6-1 所示。"下方，单击"插入"选项卡中的"图片"命令，弹出"插入图片"对话框，从素材文件夹中找到"图 6-1 图书管理系统登录窗体"文件。单击"插入"按钮，调整图片的大小为原来尺寸的 70%并居中显示。

② 选中刚插入的图，选择 "引用"选项卡中的"插入题注"，弹出"题注"对话框，如图 3-58 所示。

③ 单击"新建标签"按钮，弹出"新建标签"对话框，在文本框中输入"图 6-"，如图 3-59 所示。

图 3-58 "题注"对话框

图 3-59 "新建标签"对话框

④ 依次单击"确定"按钮。此时在图的下方出现图的序号"图 6-1"，然后在序号后面输入文本"图书管理系统登录窗体"，并居中显示。

⑤ 使用相同的方法插入其他图片并加题注，当再次插入同一级别的图时，则选择"引用"|"插入题注"即可。

5. 创建图目录

在论文文档的最后为该文档创建第 6 章中的图目录，效果图如图 3-60 所示。

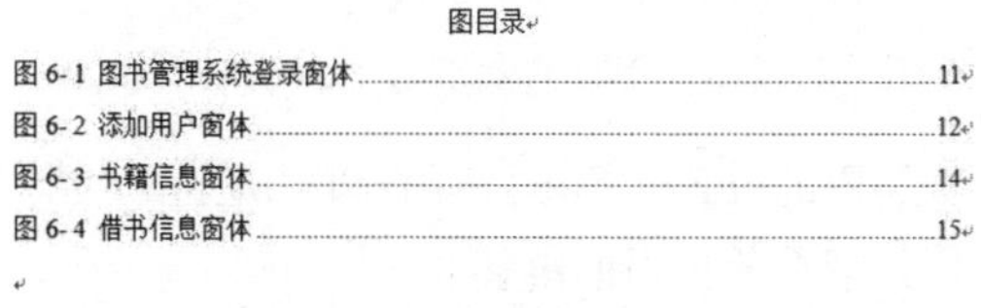

图 3-60 图目录效果图

方法：

① 将光标定位在文档的最后，选择"插入"选项卡"中的"分页"命令，光标移到新建空白页中，输入文本"图目录"，设为剧中显示，并按【Enter】键。

② 选择"引用"选项卡中"题注"选项组"中的"插入表目录"命令，弹出"图表目录"对话框，如图 3-61 所示。

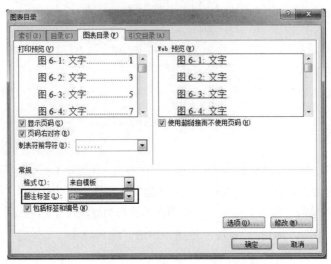

图 3-61　"图表目录"对话框

③ 在"题注标签"下拉列表中选择要创建索引的内容对应的题注"图 6-"，单击"确定"按钮。

6. 插入分节符，在文档最前边出现空白的目录页

方法：

① 将光标定位在文档的最前边，选择"布局"选项卡中"页面设置"选项组中的"分隔符"命令，打开"分隔符"命令的下拉列表，选择"分节符，下一页"，然后单击"确定"按钮，光标自动位于新的一页开头的位置。

② 打开"样式"窗格，单击"全部清除"命令，删除空白页中自动产生的项目编号（即黑点）。

③ 光标定位在文档的第二页，打开"插入"选项卡中"页眉和页脚"选项组中"页眉"的下拉列表，选择"编辑页眉"命令，打开"页眉和页脚工具/设计"选项卡，如图 3-62 所示。

图 3-62　"页眉和页脚工具/设计"选项卡

将光标定位在第二页页眉的位置，单击"页眉和页脚工具/设计"选项卡中的"链接到前一条页眉"按钮，取消与空白目录页的页眉的链接。

④ 将光标定位在第二页页脚的位置，单击"页眉和页脚工具/设计"选项卡中的"链接到前一条页眉"按钮，取消与空白目录页的页脚的链接。

此时，空白的目录页和正文部分是两节内容，两节内容可以设置不同的页眉和页脚。

7. 给正文部分设置页眉和页脚

页眉文字为"图书管理系统"，右对齐；页脚内容为页码（1，2，3，…），右对齐。

方法：

① 光标定位在文档的第二页，选择"插入"选项卡"中"页眉"下拉列表中的"编辑页眉"命令，在页眉位置输入文本"图书管理系统"，选中文本，使用"开始"选项卡中"段落"选项组中的"右对齐"按钮设置为右对齐。光标定位在页脚的位置，在"页眉和页脚工具栏/设计"选项卡中打开"页码"按钮的下拉列表，选择"页面底端"中的"普通数字 3"。

② 选中页码，在"页眉和页脚工具栏/设计"选项卡中打开"页码"按钮的下拉列表，选择"设置页码格式"，打开"页码格式"对话框，如图 3-63 所示。

在弹出的对话框中将起始页码设为"1"，然后单击"确定"按钮，关闭页眉和页脚选项卡。

8. 给空白目录设置页脚

方法：

光标定位在文档的第一页，选择"插入"选项卡"中"页脚"下拉列表中的"编辑页脚"命令，打开"页面页脚工具/设计"选项卡，在"页码"下拉列表中的"当前位置"的列表中选择"罗马"样式，选中页码，使用"开始"选项卡中"段落"选项组中的"右对齐"按钮设置为右对齐。关闭"页眉和页脚"工具栏。

9. 在文档的开始目录空白页中添加论文目录，并可对其更新

方法：

将光标定位在空白页，输入"目录"并居中显示，选择 "引用"选项卡中"目录"下拉列表中的"自定义目录"命令，弹出"目录"对话框，如图 3-64 所示，单击"确定"按钮。

图 3-63 "页码格式"对话框

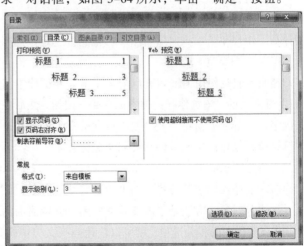

图 3-64 "目录"对话框

如目录添加完后，正文内容又做了修改，并影响了目录的页码，就要对目录进行更新。在目录区域中右击，从弹出的快捷菜单中选择"更新域"命令，即可更新目录。

🍳 **相关知识与技能**

1. 导航窗格

为了使用户能快速浏览长文档，用户先按前面的内容，设置大纲级别，即"标题 1""标题 2""标题 3""正文文本"等，然后开始使用导航窗格。

Word 2016 中新增的文档导航方式有四种：标题导航、页面导航、关键字导航和特定对象导航，让用户轻松查找段落，快速定位到想查阅的或特定的对象上。

（1）标题导航

标题导航是可以看到文档结构图的导航方式。在导航方式中，用户既可以看到文档层次标题，又可以看到相应的文档内容。只要单击标题，就会自动定位到相关内容上。

打开导航窗格的方法是先单击"视图"选项卡，在"显示"选项组中选中"导航窗格"复选框。这时，在文档窗口左侧出现"导航窗格"，在打开的"导航窗格"，单击"浏览您的文档中的标题"按钮，用户可以看到文档结构图。只要用户单击导航的标题，就会切换到相关段落上。

在标题导航中，可以显示指定级别标题。如果用户只显示文档中一级和二级标题，方法：在标题导航窗格中右击，在快捷菜单中选择"显示标题级别"选项，在其下拉列表中选择"显示至标题 2"。

在标题导航中，可以调整文档的结构，改变大纲级别或标题层次。方法是在标题导航窗格中右击，在快捷菜单中选择"升级"选项或"降级"选项。

使用标题导航时要注意，打开的超长文档必须先设置标题。如果没有设置标题，就无法用文档标题进行导航。如果文档先设置了多级标题，导航会很准确。

（2）页面导航

页面导航就是根据页面缩略图进行导航。方法是单击"导航"窗格上的"浏览你的文档中的页面"按钮，将导航方式切换到"页面导航"。这时，在"导航"窗格上以页面缩略图形式列出文档分页。用户单击"页面缩略图"，就能快速定位到相关页面进行查阅。

（3）关键词导航

关键词导航是使用关键词进行全文搜索，并把搜索结果显示在"导航"窗格中。方法是单击"导航"窗格上的"浏览你当前搜索的结果"按钮，然后在文本框中输入关键字，"导航"窗格上就会列出包含关键词的导航链接。单击这些导航链接，就可以快速定位到文档相关位置。

（4）特定对象导航

导航功能还可以快速查找文档中的这些特定对象，如图形、表格、公式、批注等对象。方法是单击搜索框右侧放大镜后面的下拉按钮，选择"查找"栏中的相关选项，就可以快速查找文档中的图形、表格、公式和批注，如图 3-65 所示。

如果想要取消导航窗格，方法是选择"视图"选项卡，在"显示"组中取消选中"导航窗格"复选框。

图 3-65 "搜索"下拉列表

2．使用样式

使用样式的方法是先选中需要应用样式的文本，选择"开始"选项卡，在"样式"组中单击"快速样式"下方的下拉按钮，在弹出的窗格中选择一种需要的样式。

3．删除样式

在设置文档版式的过程中，样式过多会影响样式的选择，用户可以将不需要的样式从样式列表中删除，以便对有用的样式进行选择。

方法是先选择"开始"选项卡，在"样式"选项组中单击右下角的下拉按钮囗，在出现"样式"窗口中选择一种样式，右击需要删除的样式，然后在快捷菜单中选择"从快速样式库中删除"命令，将指定的样式删除。

4．脚注和尾注

脚注指对单词或词语的解释或补充说明，放在每一页的底端。尾注指对文档中引用文献的来源，放在文档的结尾处。在一个文档中，可以同时使用脚注和尾注两种形式。用户可用脚注作为详细说明，而用尾注作为引用文献的来源。

（1）插入脚注

方法是先选中文字，如"桂林"文字，选择"引用"选项卡，在"脚注"选项组中单击"插入脚注"按钮。然后在这一页最下面编号是 1 的后面输入相应的注释内容。

（2）插入尾注

方法是先选中文字，选择"引用"选项卡，在"脚注"选项组中的"插入尾注"按钮。然后在本文档的结尾处 i 的位置后面输入尾注内容。

5．使用批注

批注是在编辑完文档之后，文档的审阅者为文档添加的注释、说明、建议、意见等信息。

在审批文档时，往往要对一些重要地方加以批注，给予详细的说明，这样可以更加清晰地明白其中的含义。批注不属于正文的内容，保存在文档里，随时可以调出来查阅。批注不会影响到文档的格式，也不会被打印出来。

（1）新建批注

新建批注方法：选中要批注的文本，选择"审阅"选项卡，在"批注"选项组中单击"新建批注"按钮。这时，在文档窗口右侧的批注框中输入说明文本。"批注"的效果如图 3-66 所示。

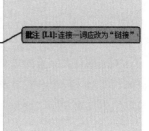

图 3-66　"批注"效果图

如果用户要快速定位到上一条批注，选择在"批注"组中单击"上一条批注"按钮。
如果用户要快速定位到下一条批注，选择在"批注"组中单击"下一条批注"按钮。

（2）删除批注

在添加批注后，对于不需要的批注，可以进行删除。删除批注方法有两种。

方法一：右击，在快捷菜单中选择"删除批注"命令。

方法二：单击某批注上，再选择"审阅"选项卡，在"批注"组中的"删除"按钮 。这时，将出现下拉列表。在下拉列表中可以删除当前选定的批注，还可以删除文档中所有的批注。

（3）隐藏批注

隐藏批注指把批注藏起来，页面视图看不见。隐藏批注方法有两种。

方法一：选择"审阅"选项卡，在"修订"组中单击"显示标记"右侧下拉按钮，如图 3-67 所示。

在下拉列表中取消选中"批注"复选框。同样，如果要从隐藏改成显示批注，可选中"批注"复选框。

方法二：选择"审阅"选项卡，在"修订"组中单击"显示标记"下拉列表。在下拉列表中"审阅者"级联菜单，可隐藏某一用户的批注。此功能对于多用户添加的批注尤为重要。

图 3-67　"显示标记"下拉列表

6．修订长文档

修订指的是对文件、书籍、文稿、图表等的修改整理。在 Word 2016 中修订是指跟踪文档的所有更改包括删除、插入或格式改变的位置的标记。

当用户插入或删除文本、移动文本和图片时，将通过标记显示每处修订所在位置以及内容的更改。在右页边距有红色方框。

（1）打开修订

打开修订方法：选择"审阅"选项卡，在"修订"选项组中单击"修订"按钮 。在"修改"按钮被按下时，对文本的增删都会以特殊标记显示，并注明编辑者。

（2）更改修订

修订后，用户要接受文档中的修订，方法是选择"审阅"选项卡，在"更改"选项组中单击"接受"按钮 ，出现一个下拉列表。下拉列表中有四个选项"接受并移到下一条""接受修订"，"接受所有显示的修订"和"接受对文档的所有修订"，用户可以根据需要选择。

修订后，用户要拒绝文档中的修订，方法是选择"审阅"选项卡，在"更改"选项组中单击"拒绝"按钮 。

（3）关闭修订

关闭修订并不意味着删除，此前所做的所有修订保留在文档中。当关闭修订状态下，用户可以修订文档，但不会对更改的内容做出标记。关闭修订的方法：选择"审阅"选项卡，在"修订"选项组中再次单击"修订"按钮 。

7．比较文档

用户经常在进行文档的修订时，很难区分修订前的内容和修订后的内容，但是在 Word 2016 中，Microsoft 公司增加了文档"比较"功能，这样用户可以更加直观的浏览文档修订前、后的不同。

修改完 Word 文档后，单击"审阅"选项卡，然后在"比较"选项组中单击"比较"按钮，在其下拉菜单中选择"比较"选项。这时，出现"比较文档"对话框，如图 3-68 所示。在"比较文档"对话框中，选择所要比较的"原文档"和"修订的文档"，将需要比较的数据设置好，最后，单击"确认"按钮。

完成后，看到修订的具体内容，同时，比较的文档、原文档和修订的文档也将出现在比较结果文档中。

图 3-68　"比较文档"对话框

8．打印

编辑文档后，如果用户要在纸上打印出来。先在计算机安装好打印机，用户就将编排好的文档打印出来。

Word 2016 提供了多种打印方式，包括打印多份文档、打印输出到文件、手动双面打印等功能，此外利用打印预览功能，用户还能在打印之前就看到打印的效果。

打印文档时，可以打印全部的文档，也可以打印文档的一部分。

用户单击窗口上方"文件"按钮，选择"打印"选项。这时，窗口出现"打印"窗格。

在"打印"窗格中选择"打印所有页"右侧下拉按钮，在下拉列表中可以选择"文档"选项组中"打印所有页""打印所选内容""打印当前页面""打印自定义范围"4 个选项。

- "打印所有页"指可以打印文档的全部内容。
- "打印所选内容"指可以打印文档中选定的内容。
- "打印当前页面"指可以打印当前光标所在的页。
- "打印自定义范围"指可以打印文档指定页码范围的内容，在下面"页数"后文本框中输入需要打印的页码范围。

此外，在"打印所有页"下拉列表中还可以选择打印的是奇数页还是偶数页等。

打印文档的方法是选择"文件"选项卡，单击"打印"按钮。这时，右侧将出现"打印"窗格，如图 3-69 所示。在"打印"窗格中，用户可以设置打印机，预览文档打印效果，设置打印份数，还可以设置纸张的横向或众向，自定义页边距，双面打印等。最后单击"打印"按钮。

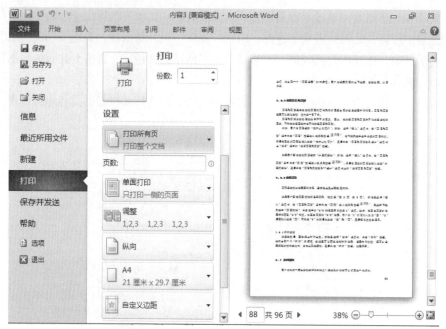

图 3-69 "打印"窗格

任务 4 批量打印会议出席证

📋 任务描述

学院要召开一次教师代表大会，准备工作要做的周到细致，其中一项任务就是给教师代表制作会议出席证。小刚学过了 Word 2016 软件操作，老师把任务派给小刚，并把参会教师的信息给小刚，小刚经过一番思考，运用 Word 2016 中的邮件合并功能，顺利完成了任务。

📚 任务分析

会议出席证是参会人员必须佩戴的证件。在 Word 中使用图片、文本框等元素，并运用邮件合并中的制作母版、创建数据链接及批量输出等方法，就可以简单、高效地制作会议出席证。制作完成的会议出席证效果图如图 3-70 所示。

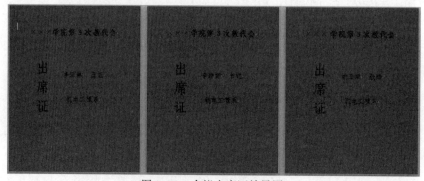

图 3-70 会议出席证效果图

任务实现

1．新建 Word 文档

将其以"会议出席证.docx"为名保存到桌面上。文档的页面大小设置为自定义纸张大小 8.5 厘米×10.5 厘米，页边距上为 1 厘米，下、左、右为 0.5 厘米。

方法：

① 启动 Word 应用程序，创建一个新的 Word 文档，打开"文件"选项卡，选择"保存"命令，弹出"另存为"对话框，保存位置设置为"桌面"，文件名为"会议出席证.docx"，单击"保存"按钮。

② 单击"布局"|"页面设置"按钮🔲，弹出"页面设置"对话框，选择"纸张"选项卡，在"纸张大小"下拉列表中选择"自定义大小"，宽度输入"8.5 厘米"，高度输入"10.5 厘米"。单击"页边距"选项卡，"上"页边距设为 1 厘米，"下""左""右"页边距设为 0.5 厘米，然后单击"确定"按钮。

2．在文档中添加简单文本框

输入文字"×××学院第 3 次教代会"，文字设为华文仿宋四号，加粗，居中；文本框无填充颜色，无边框。在文档中添加竖排文本框，文字为华文仿宋一号，加粗，文本框无填充颜色。在文档中再添加 3 个简单文本框，文字设为华文仿宋小四号，文本框无填充颜色。适当调整文本框的大小和位置。保存该文档，即创建了会议出席证的母版，效果图如图 3–71 所示。

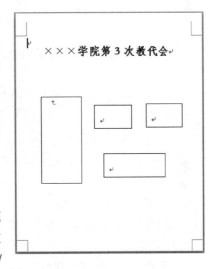

图 3–71　"会议出席证"母版

方法：

① 打开"插入"选项卡，单击"文本框"下拉按钮，在列表中选择"简单文本框"命令，输入文字"×××学院第 3 次教代会"，打开"开始"选项卡，设置文字为"华文仿宋，四号，加粗"，居中，选中文本框，在"绘图工具/格式"选项卡中，单击"形状样式"选项组中"形状填充"下拉按钮，选择 "无填充颜色"；单击"形状轮廓"下拉按钮，选择"无轮廓"。

② 打开"插入"选项卡，单击"文本框"下拉按钮，在列表中选择"绘制竖排文本框"命令，选中文本框，在文档中拖动鼠标画出文本框，打开"开始"选项卡，设置文字为"华文仿宋，一号，加粗"，文本框无填充颜色。使用相同的方法，在文档中再添加 3 个简单文本框，文字设为华文仿宋小四号，文本框无填充颜色。适当调整文本框的大小和位置，单击"快速访问工具栏"中的"保存"按钮，保存该文档。

3．数据连接

将素材文件夹中的参会人员信息表.xlsx 工作表文件与 word 文档中的会议出席证母版进行数据链接，将文本框设置为无边框，批量创建会议证。

方法：

① 在 Word 窗口中，单击"邮件"|"开始邮件合并"|"选择收件人"下方的下拉按钮，单

击下拉列表中的"使用现有列表…"选项，弹出"选取数据源"对话框，如图 3-72 所示。

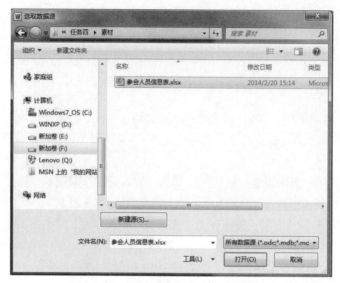

图 3-72 "选取数据源"对话框

② 在"选取数据源"对话框中，选择已建好的数据源"参会人员信息表.xlsx"，单击"打开"按钮。

③ 在 Word 窗口中，光标定位在竖排文本框中，选择"邮件"选项卡，在"编写和插入域"中单击"插入合并域"下拉按钮，选择"证件类型"字段；选中文本框，打开"绘图工具/格式"选项卡，在"形状样式"选项组中的"形状轮廓"下拉列表中选择"无轮廓"。

④ 在 Word 窗口中，光标定位在第 2 个简单文本框中，选择"邮件"选项卡，在"编写和插入域"中单击"插入合并域"下拉按钮，选择"姓名"字段；选中文本框，打开"绘图工具/格式"选项卡，在"形状样式"选项组中的"形状轮廓"下拉列表中选择"无轮廓"。

⑤ 使用相同的方法，插入"职务""单位"字段。

4．批量合并

将数据源中的数据全部批量合并到新的 Word 文档中，并将其背景颜色设置为"红色"且进行打印设置，效果图如图 3-73 所示。保存"会议出席证.docx"文档，并将合并后的文档保存为"会议出席证合并.docx"文档。

方法：

① 选择"邮件"选项卡，在"预览结果"选项组中单击"预览结果"按钮，再按"下一记录"按钮浏览所有的效果。

② 选择"邮件"选项卡，在"完成"选项组中单击"完成并合并"选项组中"编辑单个文档…"选项，打开"设计"选项卡，在"页面颜色"下拉列表中选择""红色"。保存"会议出席证.docx"文档，并将合并后的文档保存为"会议出席证合

图 3-73 合并后的效果图

并.docx"文档。

 相关知识与技能

1．邮件合并

邮件合并是一项针对不同的收件人发送相应的"专门为每一个收件人定制化"的 Office 功能。邮件合并使用成批数据，自动产生新文档。通常它需要使用 Word、Excel 和 Outlook 这几个组件。邮件合并功能可以用于制作风格统一的学生证、借书证、成绩单、信函、标签和信封等。

2．插入域

域的英文是 Field，意思是范围，类似数据库中的字段。在 Word 2016 中，域就是 Word 文档中的一些字段。用 Word 排版时，若能熟练使用 Word 域，可减少许多烦琐的重复操作，提高工作效率，增强排版的灵活性。

使用 Word 域可以实现许多复杂的工作，主要有自动编页码、图表的题注、脚注、尾注的号码；按不同格式插入日期和时间；通过链接与引用在当前文档中插入其他文档的部分或整体；自动创建目录、关键词索引、图表目录；插入文档属性信息；实现邮件的自动合并与打印；执行加、减及其他数学运算；创建数学公式；调整文字位置等。

项 目 实 训

1．编辑排版（参见任务一）

打开素材文件夹中的 Wda.docx，另存到桌面上，按如下要求进行编辑、排版：

① 将素材文件夹下的 Wda1.txt 文件的内容插入到 Wda.docx 文件的尾部，形成一个新的段落。

② 将文中的"海市辰楼"替换为"海市蜃楼"。

③ 纸张大小为 A4；打印方向为横向，上、下、左、右页边距均为 2.5 厘米；页眉、页脚距边界均为 1.75 厘米。

④ 添加艺术字"海市蜃楼"作为文章标题，艺术字样式为第三行，第四列，字体隶书、36 号字，环绕方式为上下型、相对于页面水平居中。

⑤ 将正文设置为悬挂缩进 2 字符，宋体，小四号字。将正文第一段分成两栏显示，中间有分隔线。设置正文第一段首字下沉，字体为隶书，下沉行数 3 行，距正文 0.2 厘米。设置第二段段前距 0.5 行。

2．表格操作（参见任务一）

① 新建一个空白的 Word 文档，创建一个 5 行 4 列的表格，文件名为 BG.docx。

② 设置表格第一行行高为固定值 3 厘米，第一列列宽为 4 厘米，输入表格内容。

③ 绘制表头，标题为"课程""成绩"和"姓名"，字体为小五号。

④ 设置表格自动套用格式"简明型 1"。

⑤ 将表格的所有内部框线（不包括斜线表头）设置为绿色 0.5 磅实线。

⑥ 设置表格中的文字（不包括斜线表头）既水平居中，又垂直居中；整个表格水平居中。

⑦ 保存文件。

3. 组合图形（参见任务二）

创建新文档，并以"组合图形.docx"为名保存在自己的文件夹内，然后按如图 3-74 所示进行操作。

① 在新文档任意位置插入素材文件夹中的运动.jpg 图片，图片锁定纵横比，高度为 6 厘米。

② 绘制一个圆形，直径为 5 厘米，填充浅蓝色，无轮廓。

③ 在文档任意位置插入文本框，输入文字"我爱运动"，文字为黑体、二号、加粗、红色且水平居中，文本框无填充颜色、无轮廓，高度为 1.6 厘米，宽度为 5 厘米，文本框的内部边距全部为 0 厘米。

④ 将文本框置于顶层，圆形置于底层，3 个对象在水平与垂直方向上相互居中，并组合。

图 3-74　组合图形

⑤ 组合后对象的位置水平距页面 8 厘米，垂直距页边距 3 厘米。

⑥ 保存该文档。

4. 设置文档格式（参见任务三）

打开素材文件夹，将"员工管理系统.docx"文档另存到自己的文件夹中，按照下面的要求设置文档格式。

① 设置页面。设置页面纸张大小为 A4，设置页边距：上、下为 2 厘米，左边距为 3 厘米，右边距为 1.5 厘米。

② 使用样式：

a. 修改样式，如表 3-2 所示。

表 3-2　标题样式与对应的修改要求

样 式 名 称	字 体 样 式	段 落 格 式
标题 1	小三号、黑体、加粗	段前、段后均为 0.5 行
标题 2	四号黑体、加粗	段前、段后均为 0.5 行
正文	宋体、小四号	首行缩进 2 字符，1.5 倍行距

b. 设置多级编号，如表 3-3 所示。

表 3-3　标题样式与对应的编号

样 式 名 称	编 号 格 式	编 号 位 置	文 字 位 置
标题 1	1.	左对齐，首行缩进 2 个字符	缩进 0 厘米
标题 2	1.1	左对齐，首行缩进 2 个字符	缩进 0 厘米
标题 3	1.1.1	左对齐，首行缩进 2 个字符	缩进 0 厘米

③ 插入目录。在文档第一页处添加目录，利用三级标题样式生成目录，将目录格式设置为"宋体、小四号、1.5 倍行距"。

④ 插入分节符。插入一个分节符，将整篇文档按目录和正文各分为一节。

⑤ 插入页码：

a. 目录页的页码位置：底端、居中；页码格式为Ⅰ，Ⅱ，Ⅲ，…，起始页码为Ⅰ。

b. 正文页的页码位置：底端、居中；页码格式为 1，2，3，…，起始页码为 1。

5. 利用邮件合并功能，制作准考证（参见任务四）

利用邮件合并功能，将数据文件"考生信息.xlsx"，合并到如图 3-75 所示的主文档中，生成全部考生的准考证。文档的页面大小设置为自定义纸张大小 8.5 厘米 × 10 厘米，页边距：上边距为 1 厘米，下、左、右边距为 0.5 厘米。（准考证使用的背景颜色或背景图片自己随意添加，效果图中的页面背景使用的是填充效果预设中的"心如止水"效果。）

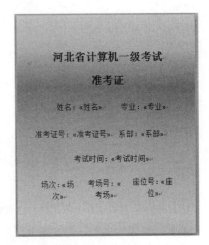

图 3-75　准考证

项目 4
Excel 2016 电子表格处理软件的应用

Microsoft Office Excel 2016 是微软办公自动化系列套装软件 Microsoft Office 2016 的组件之一。它不仅能快速完成日常办公事务中电子表格处理方面的任务，也为数据信息的分析、管理及共享提供了很大的方便。可以通过人们在工作簿上协同工作实现移动办公，在提高工作质量的同时，协助人们做出更快速、合理和高效的决策。强大的数据计算能力和直观的制图工具，使得 Excel 2016 被广泛应用于管理、统计、金融和财经等众多领域。

如何使用 Excel 制作电子表格？如何进行数据处理、分析？如何将表中的数据图表化？如何实现？本项目将通过 4 个学习任务来完成。

学习目标

- 创建工作簿。
- 各种类型数据的输入。
- 工作表格式设置。
- 工作表的操作。
- 公式与函数的运用。
- 数据排序。
- 自动筛选和高级筛选。
- 数据的分类汇总。
- 图表的制作。
- 数据透视表及数据透视图。
- 工作表操作及打印工作表。

任务 1　Excel 基本应用——制作员工基本信息表

任务描述

为了方便公司管理工作及员工之间增进了解、方便联络，领导要求王佳做一份公司员工基本信息表，通过此表管理员工的各种基本信息。信息表不仅要为管理员工的各种基本信息提供一个良好的界面，而且通过对单元格进行修饰，使其清晰美观，便于查阅与打印。

任务分析

员工基本信息应包括：员工编号、姓名、出生日期、部门、职务、联系电话、家庭地址等。通过员工信息表，可以方便掌握人员基本情况，同时增进员工间的相互了解，方便联络。

王佳根据任务要求分析，经过仔细的考虑，决定用 Excel 电子表格做出一份实用、美观的员工信息表。具体方案如下：

① 创建 Excel 电子表格。

② 规划表格结构并输入员工基本信息。

③ 美化员工信息表（格式设置）。

④ 设置自动筛选功能。

⑤ 进行打印设置。

最终完成的"员工基本信息表"效果如图 4-1 所示。

图 4-1　员工基本信息表效果

任务实现

1. 创建 Excel 工作簿、工作表标签命名

具体要求：在桌面上新建一个 Excel 工作簿，命名为"员工基本信息表.xlsx"；将"Sheet1"工作表改名为"员工信息表"。

① 启动 Excel。单击任务栏中的"开始"按钮单击桌面左下角的"开始"按钮■，在弹出的"开始"菜单中找到并执行"Excel 2016"。

启动 Excel 2016 后，会默认打开一个空白的 Excel 工作簿，并定位在此工作簿的第一张工作表"Sheet1"中，如图 4-2 所示。

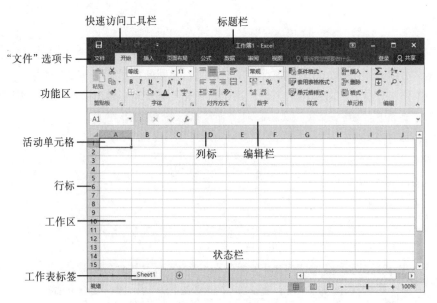

图 4-2　Excel 2016 窗口的基本结构图

② 为了方便管理，将文件保存在桌面上，命名为"员工基本信息表.xlsx"。

选择"文件"选项卡|"保存"|"浏览"命令，弹出"另存为"对话框。在"文件名（N）"处输入"员工基本信息表"，如图 4-3 所示。单击"保存"按钮，工作簿的标题栏由 "工作簿1- Excel"变成了"员工基本信息表- Excel"。

图 4-3　"另存为"对话框

◎温馨提示

① 工作簿是 Excel 中计算和存储数据的文件，通常所说的 Excel 文件即工作簿文件。每个工作簿可以由多个工作表组成（默认为 1 个），Excel 中处理的各种数据是以工作表的形式存储在工作簿文件中的。

② Excel 2016 工作表是一个由 1 048 576 行 16 384 列组成的二维表格，是完成一个 Excel 工作

的基本单位。在工作表中，列用字母标志，如 A~Z、AA~IV 等，称为列标；行用数字标志，从 1 到 1 048 576，称作行号。每个行列交叉点称为单元格。

（3）如果只需要一个工作表，右击要删除的工作表标签，从弹出的快捷菜单中选择"删除"命令，即可将多余的工作表删除。也可以单击"开始"选项卡单元格选项组中"删除"按钮 下方（或右侧）的 按钮，从下拉列表中选择"删除工作表"命令。

（4）如果需要插入工作表，可单击工作表标签后的新工作表功能 ，或按快捷键【Shift+F11】。也可以单击"开始"选项卡"单元格"选项组中"插入"按钮 下方（或右侧）的 按钮，从下拉列表中选择"插入工作表"命令，或在任意工作表标签上右击，从弹出的快捷菜单中选择"插入"命令，在弹出的"插入"对话框中选择想要的工作表模板，单击"确定"按钮完成操作。

③ 更改工作表的名称。将 Sheet1 改名为"员工信息表"。

右击要改名的 Sheet1 工作表，在弹出的快捷菜单中选择"重命名"命令，此时工作表标签被反相选中，在工作表标签中直接输入新名称"员工信息表"，按【Enter】键确认，完成工作表的重命名操作。或双击要改名的 Sheet1 工作表标签，进入标签名编辑状态（反相选中），输入新名称"员工信息表"后按【Enter】键确认。

按快速访问工具栏中的"保存"按钮 ，再次保存工作簿。

2．输入各种类型数据

具体要求：根据图 4-4 创建"员工基本信息表"结构；手动输入前二条记录；根据素材"员工基本信息.docx"，输入其他记录；序列填充员工编号。

① 选定单元格 A1，输入文字"员工基本信息表"；选定单元格 A2，输入文字"员工编号"；按【Tab】键，将光标定位于右侧的单元格，按图 4-4 所示，依次输入其余列标题。

数据填充

图 4-4 员工基本信息表

② 单击第 1 列的列标，选定第 1 列。单击"开始"选项卡"对齐方式"选项组的右下角按钮 ，在弹出的"设置单元格格式"对话框中，选择"数字"选项卡，在"分类"列表中选择"文本"，单击"确定"按钮，如图 4-5 所示。再按图 4-4 所示在第 3 行、第 4 行输入前 2 条记录。

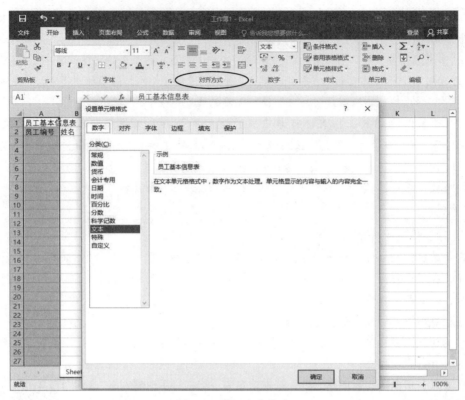

图 4-5　设置文本格式

③ 打开素材下的"员工基本信息表.docx"文件，按【Ctrl+A】组合键选中全部文本，按【Ctrl+C】组合键进行复制；返回"员工基本信息表.xlsx"，选定 A5 单元格，单击"开始"选项卡中"粘贴"按钮下方的按钮，在弹出的"粘贴选项"中选择"匹配目标格式"，如图 4-6 所示。Word文档中的记录被复制到当前工作表中。

④ 快速填充员工编号。

选定 A4 单元格（值为"0102"），光标置于右下角处的填充柄，如图 4-7 所示，按住鼠标左键，拖动至 A9 单元格，完成"0103"至"0107"的填充；选定 A10 单元格（值为"0201"），拖动填充柄，至 A21 单元格；依此类推，完成员工编号的填充。

图 4-6　粘贴选项

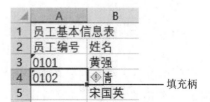

图 4-7　员工编号填充

◎温馨提示

① Excel 工作表中，单击选定的单元格可进行光标定位。按【Enter】可以定位到下方单元格，按【Tab】键可以定位到右方单元格。也可使用光标键在工作表中任意移动。

② Excel 表中的数据都是有指定的格式。数据录入时，系统默认单元格格式是"常规"格式。最常用的数据格式有：文本、数值、日期、货币、百分比等，通过"设置单元格格式"对话框中的 "数字"选项卡进行设置。

③ 除设置单元格的格式外，还可通过识别符来设置。如输入以"0"开头的数据时，先输入英文单引号"'"，再输入数据，系统默认将"'"后输入的数字转化为文本形式；输入分数时，先输入"0"+"空格"，再输入"3/4"；系统默认将"0"+"空格"后输入的数字显示为分数（值为小数）。

④ 选择性粘贴是一个很强大的工具，可根据具体需要选择要粘贴的内容（如只粘贴格式、公式、数值等）。灵活运用，可以事半功倍。

⑤ Execl 的数据填充有许多技巧。利用填充柄可快速填充相同或连续的数据。一些在结构上有规律的数据，如 1997，1998，1999；星期一、星期二、星期三等，可通过序列填充技术，让它们自动出现在一系列的单元格中。

3. 设置工作表格式

具体要求：第 1 行行高为 30，第 2 行行高为 26，其他行为"自动调整行高"。A 列列宽为 9，C、G 列列宽为 11；其他列为"自动调整列宽"。 表标题"员工基本信息表"一行合并单元格、居中显示；字体为"黑体"、"18"号、"加粗"、"蓝色"，垂直和水平居中。表的标题行字体为"仿宋"、"12"号、"加粗"， 垂直和水平居中。表中其他数据字体均为"宋体"、"10"号；其中"出生日期"列为日期格式 "××××年××月××日"型、水平靠左、垂直居中、缩小字体填充；其余数据水平、垂直居中。

（1）行高设置

光标置于第 1 行，单击"开始"选项卡|"单元格"选项组的"格式"按钮|"行高"命令，在弹出"行高"对话框中输入数值 30，单击"确定"按钮完成，如图 4-8 所示。

光标置于第二行，操作同上，在 "行高"对话框中输入数值 26，单击"确定"按钮完成。

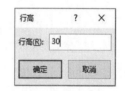

图 4-8 "行高"对话框

选定 3～40 行，单击"开始"选项卡|"单元格"选项组的"格式"按钮| "自动调整行高"命令。

（2）列宽设置

单击 B 列列标，按住鼠标左键拖动至 H 列，将 B～H 列选定；单击"开始"选项卡|"单元格"选项组的"格式"按钮| "自动调整列宽"命令。

先选定 C 列，按住【Ctrl】键，再单击 G 列列标，选定 C 和 G 列；单击"开始"选项卡|"单元格"选项组的"格式"按钮| "列宽"命令，弹出"列宽"对话框，输入数值 11，单击"确定"按钮完成。

选定 A 列，操作同上，设置列宽为 9。

（3）字体格式设置及对齐方式

选定 A1:H1，单击"开始"选项卡|"对齐方式"选项组的"合并后居中"按钮 <img>，合并 A1:H1 单元格并将文字水平居中。

单击"开始"选项卡|"单元格"选项组的"格式"按钮|"设置单元格格式"命令，弹出"设置单元格格式"对话框。单击"字体"选项卡，在"字体""字形""字号"中设置字体为"黑体"、"加粗"、"18"号；在"颜色"中，选择标准色"蓝色"，如图 4-9 所示。

单击"对齐"选项卡，设置文本对齐方式。选择水平对齐方式"居中"，垂直对齐方式"居中"，单击"确定"按钮，如图 4-10 所示。

图 4-9 字体格式设置

图 4-10 对齐方式及文本控制设置

选定 A2:H2 区域，参考上述操作步骤，设置字体为"仿宋"、"12"号、"加粗"；对齐方式为垂直居中、水平居中。

选定 A3:H40 区域，参考上述操作步骤，设置字体为"宋体"、"10"号，对齐方式为垂直居中、水平居中。

（4）设置"出生日期"列数据格式和对齐方式

选定 C3:C40 区域并右击，在弹出的快捷菜单中选择"设置单元格格式"命令，弹出"设置单元格格式"对话框。单击"数字"选项卡，在"分类"列表框中选择"日期"，"类型"列表框中选择"2012 年 3 月 14 日"，如图 4-11 所示。

再选择"对齐"选项卡，设置"文本对齐方式"为：水平靠左、垂直居中；设置"文本控制"为"缩小字体填充"，单击"确定"按钮。参看图 4-10 所示对齐方式及文本控制设置。

图 4-11 日期格式的设置

◎温馨提示

① Excel 突出表格功能，行、列的格式设置要比 Word 更为便利。

② 在 Excel 中，数据格式是一个非常重要的概念。其中数字、分数、日期和时间都以纯数字的形式存储，而在单元格中所看到的是这些数字的显示格式。例如：我们可以输入"2017-5-1"或"2017/5/1"来表示同一天，通过格式设置，系统显示 2017 年 5 月 1 日，内部存储数值为 42856。

③ 在 Excel 中，数据默认的格式是常规，即数字数据"右对齐"，文本数据"左对齐"。

④ 格式设置主要是在"设置单元格格式"对话框中完成，有多种方式可调出对话框。

⑤ 在 Excel 中，为了使用方便用户可通过"文件"选项卡|"选项"命令，将常用的功能加入自定义功能区或快速访问工具栏。

4．表格美化

在基本信息表达完成后，我们希望工作表能够看上去更清晰美观，便于查阅与打印。

具体要求：将字段名所在行设置为"双线条"上、下边框，背景色为"绿色，个性色 6，淡色 60%"；图案样式为"6.25%灰色"。表格内其他单元格均设为"细线"的下边框和内边框；将表格内记录的双数行的背景设置为"橙色"。

① 选定 A2:H40，单击 "开始"选项卡|"单元格"选项组的"格式"按钮| "设置单元格格式"命令，弹出"设置单元格格式"对话框。单击"边框"选项卡，在"线条"区域的"样式"列表框中选择最细的线型样式。分别单击"预置"选项组中的 "外边框"按钮、"内部"按钮。单击"确定"按钮完成设置，如图 4–12 所示。

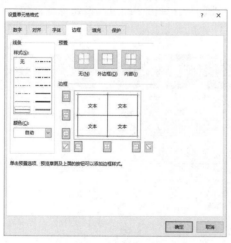

表格边框

图 4–12　边框格式设置

② 选定 A2:H2 并右击，在弹出的快捷菜单中选择"设置单元格格式"命令，在 "设置单元格格式"对话框中选择"边框"选项卡。在"线条"选项组的"样式"列表框中选择"双线"，再单击"边框"选项组中的▦和▦按钮，单击"确定"按钮完成设置。

③ 打开"设置单元格格式"对话框，选择"填充"选项卡，如图 4–13 所示。在"背景色"选项组中选择"绿色，个性色 6，淡色 60%"；在"图案样式"中选择"6.25%灰色"，单击"确定"按钮完成底纹设置。

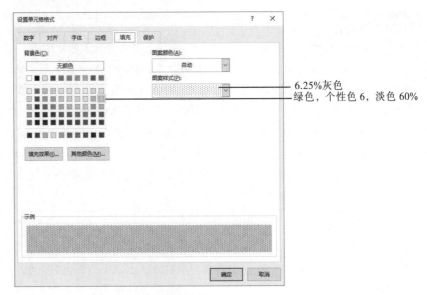

图 4-13　设置底纹图案

④ 选定 A3:H40，单击"开始"选项卡|"样式"选项组|"条件格式"按钮|"新建规则"命令，弹出"新建格式规则"对话框。在"新建格式规则"对话框的"选择规则类型"中，单击"使用公式确定要设置格式的单元格"；在"编辑规则说明"中的公式输入栏中输入函数"=MOD(ROW(),2)=0"，单击对话框中的"格式"按钮，在弹出的"设置单元格格式"对话框中选择"填充"选项卡，设置"背景色"为"橙色"，单击"确定"按钮完成双数行的背景颜色设置。以上操作步骤如图 4-14 所示。

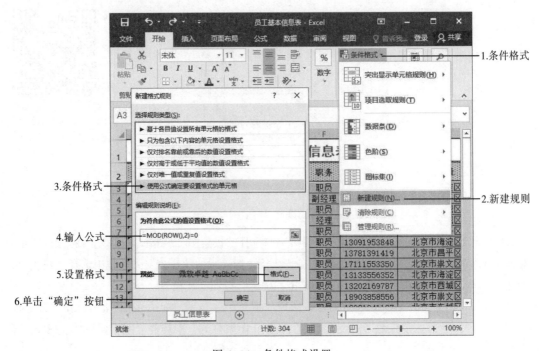

图 4-14　条件格式设置

◎温馨提示

　　① Excel 工作表中所看到的网格不是工作表的边框线，只是单元格的显示，可通过视图选项卡的 "显示" 选项组，设置是否显示网格线。要想让表格打印时带有边框线，就需要设置相应的边框和底纹。

　　② 使用 "设置单元格格式" 对话框，可根据要求自行设置表格的边框、背景色、图案样式和颜色（注意图案颜色是指前景色）。简单边框、背景色设置，也可直接使用 "字体" 功能区的相应按钮来完成。

　　③ 条件格式可以使数据在满足不同的条件时，显示不同的格式，是一项非常实用的功能。可根据单元格中数据的不同设置相应的格式。如设置不及格、退休、到期日、重复与唯一性等的提醒。

　　④ 在 "样式" 选项卡中，还可套用 Excel 提供的多种表格样式和突出的显示格式。

　　5. 为 "员工信息表" 中的 "蒋倩" 加上批注，注明为 "清华在读博士"

　　选定单元格 B4 右击，在弹出快捷菜单中选择 "插入批注" 命令，在打开的批注文本框中输入批注内容 "清华在读博士" 字样，如图 4-15 所示。

　　6. 将 "员工信息表" 中的全部内容复制到 Sheet1 工作表中，并改名为 "打印"

　　单击 "员工信息表" 工作表最左上角列标与行标的交叉点，选定整个工作表，如图 4-16 所示。右击，在弹出的快捷菜单中选择 "复制" 命令；单击新建工作表按钮⊕，新建 Sheet1 工作表；选定 A1 单元格并右击，在快捷菜单的 "粘贴选项" 中，单击第一个按钮⬚，"员工信息表" 工作表中的全部内容即被复制到 Sheet1 工作表中。

　　右击 Sheet1 工作表标签，重命名为 "打印"。

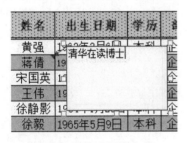

图 4-15　输入批注内容

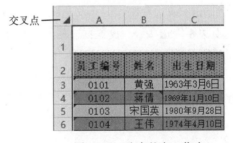

图 4-16　选中整个工作表

◎温馨提示

　　① 在 Excel 中，可以通过插入批注来对单元格添加注释。批注的插入也可通过 "审阅" 选项卡中的 "新建批注" 按钮添加，通过 "删除" 按钮删除。批注需要修改时，选定带批注的单元格，右击，在弹出的快捷菜单中选择 "编辑批注"（或在 "审阅" 选项卡中选择 "编辑批注"）。

　　② 在 "审阅" 选项卡中，还可进行信息校对、中文简繁体转换及工作簿、表的保护等设置。

　　③ 工作表的复制也有多种办法。如：单击待复制工作表标签，按住【Ctrl】键，鼠标拖动工作表标签到指定位置即可完成复制；右击工作表标签，在弹出的快捷菜单中选择 "移动或复制"，打开 "移动或复制工作表" 对话框，可在不同工作簿中进行工作表的移动和复制。

　　④ 同一工作簿中，按住鼠标左键拖动工作表标签，可调整各工作表位置顺序。

7．对"员工信息表"工作表进行修饰

具体要求：在"员工信息表"工作表中的最左边插入一列，在第一行的上方插入一行。设置工作表不显示网格线。

① 选定"员工信息表"工作表，单击 A1 单元格，单击"开始"选项卡|"单元格"选项组|"插入"选项右边的按钮|"插入工作表行"命令。再单击 A1 单元格，单击"开始"选项卡|"单元格"选项组|"插入"选项右边的按钮|"插入工作表列"命令。

② 单击"视图"选项卡|"显示"选项组|"网格线"，工作表中的网格线消失。

◎温馨提示

① 在工作表中插入行、列时，要注意操作时光标所在位置。Excel 的插入行、列是从当前光标位置的上方、左边插入。要同时插入多行、多列时，可通过选定多行、多列进行操作。

② 在"显示"功能区，还可以进行一些基本设置。例如：编辑栏、行列标题的显示等。

③ 在"视图"选项卡中，我们还可进行工作簿视图的显示方式、显示比例、窗口的排列、冻结与切换等设置操作。

8．页面及打印设置

具体要求：将"打印"工作表设置纸张大小为"信封#10"，方向为"横向"；页边距上、下为 1.5 厘米、左、右为 2 厘米，居中方式为水平，左对齐页眉"鹏泰公司"，右对齐页脚"制表人：王佳"，分页时显示顶端标题行。

① 单击"打印"工作表标签，选择"页面布局"选项卡。

② 单击"纸张大小"|"信封#10"命令。

③ 单击"纸张方向"|"横向"命令。

④ 单击"页边距"|"自定义边距"，弹出"页面设置"对话框。在"页面设置"对话框中，选择"页边距"选项卡，设置页边距上、下为 1.5 厘米、左、右为 2 厘米，居中方式为水平，如图 4-17 所示。

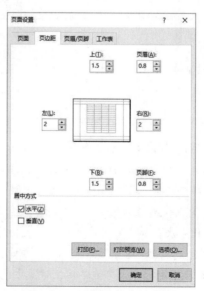

图 4-17 "页面设置"对话框

⑤ 在"页面设置"对话框中，选择"页眉/页脚"选项卡，单击"自定义页眉"按钮，在"页眉"对话框的"左"文本框中输入"鹏泰公司"，如图 4-18 所示。单击"确定"返回"页眉/页脚"选项卡。单击"自定义页脚"按钮，在"页脚"对话框的"右"文本框中输入"制表人：王佳"，单击"确定"按钮。

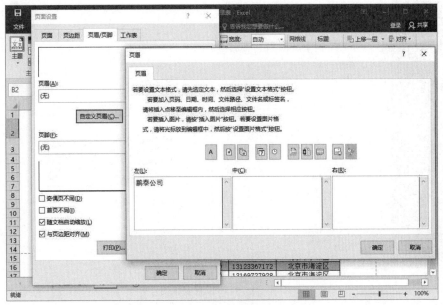

图 4-18　页眉设置

⑥ 在"页面设置"对话框中，选择"工作表"选项卡，单击"打印标题"|"顶端标题行"的 按钮，弹出"页面设置—顶端标题行"对话框，单击第二行行标，再点对话框中的 按钮，返回"页面设置"对话框，如图 4-19 所示，单击"确定"按钮完成页面设置。

图 4-19　顶端标题行设置

⑦ 打印设置。单击"文件"选项卡|"打印"命令，右则窗口显示页面设置情况，如图 4-20 所示。中间窗格为打印设置，如设置打印机、打印份数、页数、有无缩放等。右边窗格为打印预览显示。

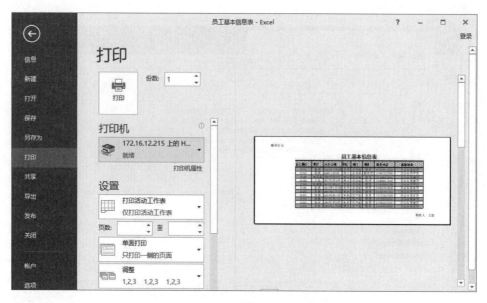

图 4-20　打印设置及预览

◎温馨提示

① 打印预览是查看打印设置情况的有效工具，通过预览检查打印设置是否令人满意。如不满意可进一步调整。

② 在实际应用中，页面和打印设置还有许多非常好用的功能，熟习"文件""页面布局"选项卡中的各选项功能，就能工作起来得心应手。

9. 自动筛选操作

数据筛选就是将数据表中所有不满足条件的记录行暂时隐藏起来，只显示那些满足条件的数据行。Excel 的数据筛选方式有两种，即自动筛选和高级筛选。

具体要求：在"打印"工作表中筛选出学历为"专科"的人员，并将筛选结果复制到新工作表中。

① 将光标置于"打印"工作表的数据区域，单击"开始"选项卡|"编辑"选项组|"排序和筛选"|"筛选"命令（或单击"数据"选项卡"排序和筛选"选项组中的"筛选"按钮 ）。在标题行单元格的右下角出现筛选标记 。

② 单击"学历"字段的右下角筛选标记 ，如图 4-21 所示，只选择"专科"，单击"确定"按钮。已做过筛选的列，筛选标记将变为 ，此时表中只显示学历为专科的记录。

图 4-21　设置自动筛选

③ 选定筛选结果并右击，快捷菜单中选择"复制"；单击⊕按钮新建工作表 Sheet2，选中 A1 单元格并右击，快捷菜单中选择"粘贴"命令。"打印"工作表中筛选出的内容即被复制到 Sheet2 表中。

◎温馨提示

　① Excel 的自动筛选功能就是在工作表中查询满足特定条件的记录，并在屏幕上显示（暂时隐藏不满足条件的记录）。

　② 自动筛选是一种简便快捷的功能，借助 Excel 提供的列筛选器等工具通过简单操作即可筛选出相应的记录。但不能实现多字段"或"的功能。因此多用于简单条件的筛选。

　③ 在自动筛选完成后，要退出自动筛选状态只需再次单击"数据"选项卡"排序和筛选"选项组中的"筛选"按钮▼。若只是想删除某个筛选条件只需再次进入该筛选条件的设置界面并将其恢复为默认状态即可。若想删除全部筛选条件只需单击"数据"选项卡"排序和筛选"选项组中的"清除"按钮▼清除。

任务小结

本任务通过"员工基本信息表"的制作，介绍了 Excel 的工作界面及基本操作。在完成了 Excel 的基本操作的同时，重点讲述了 Excel 中的数据格式、不同类型数据填充方法、工作表格式设置、自动筛选功能、批注的插入与编辑的应用。对各种基本操作我们采用了不同的方法反复实践，目的是使同学能够熟习各项基本操作在选项卡、功能区中的划分，常用对话框的打开方式等。要注意许多操作都是不唯一的，如"设置单元格格式"对话框的打开至少有 5 种途径。Excel 在实际运用中还有许多实用技巧，只有勤学多练、举一反三，才能掌握好本软件的使用功能和操作技巧，又快、又好地完成任务。

相关知识与技能

1. Excel 2016 的操作界面

一个标准的 Excel 主界面窗口由快速访问工具栏、标题栏、"文件"选项卡、功能区、名称框、编辑栏、工作区和状态栏等几部分组成，如图 4-2 所示。Excel 2016 的操作界面用功能选项卡的形式直观地将众多的命令巧妙地组合在一起，更便于用户在使用时进行选择和查找。

（1）标题栏

标题栏位于主界面的顶端，中间显示当前编辑的工作簿名称。启动 Excel 时，默认的工作簿名称为"工作簿 1"。

（2）快速访问工具栏

快速访问工具栏位于标题栏的左侧，包含一组用于 Excel 工作表操作的最常用命令，如"保存"🖫、"撤销"⤺和"恢复"⤻等。

用户可根据自己的需要，单击快速访问工具栏右侧的▾，自定义快速访问工具栏；或通过"文件"选项卡|"选项"命令，自定义快速访问工具栏。

（3）"文件"选项卡

"文件"选项卡是以"Office 按钮"的方式组织呈现一些与文件相关的常见命令项，主要包括

"新建""打开""关闭""打印"等，还可以进入"选项"功能。

（4）功能区

Excel 2016 的功能区由各种选项卡和包含在各选项卡中的命令按钮组成，通过功能区不仅可以轻松地查找以前版本中隐藏在复杂菜单和工具栏中的命令，而且功能区中将各种命令以分组的形式进行组织，更加方便用户的使用。

功能区中除了"文件"选项卡外，默认状态下还包括"开始""插入""页面布局""公式""数据""审阅"和"视图"等 7 个选项卡，其中默认选择的为"开始"选项卡（最常用功能），可以通过单击选项卡名称在各选项卡之间进行切换。

对于屏幕较小的情况，可以隐藏功能区。主要有四种方法：

① 快捷键【Ctrl+F1】；

② 使用功能区中的折叠功能区按钮；

③ 双击任一个激活的选项卡；

④ 在功能区上右击，在弹出的快捷菜单中选择"折叠功能区"。

（5）编辑栏

编辑栏是位于功能区下方工作区上方的窗口区域，主要用于显示和编辑活动单元格的名称、数据及公式等。

编辑栏从左到右依次由"名称框""功能按钮"和"公式框" 3 部分组成，如图 4-22 所示。

图 4-22　编辑栏结构图

"名称框"用于显示活动单元格的名称（也称为地址）。也可直接在名称框中输入单元格名称，快速定位该单元格。

"公式框"主要用于输入和编辑活动单元格的内容，包括数据、公式等。当向单元格中输入内容时，"功能按钮"区域除了显示"插入函数"按钮 f_x 之外，还会启用"取消" ✖ 和"输入" ✔ 两个按钮，用来确认当前输入的内容"取消"或"确认"，如图 4-23 所示。

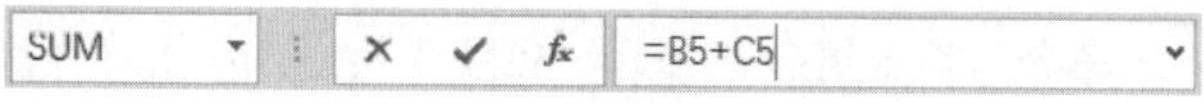

图 4-23　输入数据时的编辑栏

（6）工作区

工作区是用于编辑和显示数据的主要工作场所，从工作区底端的工作表标签可以看出当前工作簿中有几个工作表以及当前工作表是哪一个。当要切换到其他工作表进行编辑时可通过单击相应的工作表标签进行选择。

（7）状态栏

状态栏位于窗口的最下边，是用来显示活动单元格的编辑状态、选定区域的数据统计结果、工作表的显示方式及工作表显示比例等信息的窗口。在 Excel 2016 中，状态栏可显示 3 种状态，分别为默认时的"就绪"状态、输入数据时的"输入"状态及编辑数据时的"编辑"状态；工作表的显示方式有三种：普通、页面布局和分页预览。工作表显示比例可通过鼠标直接拖放。

2．Excel 2016 的基本操作介绍

（1）工作簿基本操作

常用的工作簿基本操作主要包括创建、打开和保存工作簿。

① 创建工作簿。使用 Excel 工作，首先必须创建一个工作簿，可以通过以下几种方式创建工作簿。

a. 自动创建。启动 Excel 2016 后，系统会自动创建一个名称为"工作簿 1"的工作簿，其中包含 1 个工作表 Sheet1。

b. 使用"文件"选项卡创建。启动 Excel 2016 后，打开"文件"选项卡，在弹出的下拉菜单中选择"新建"选项，进入图 4–24 所示的界面。

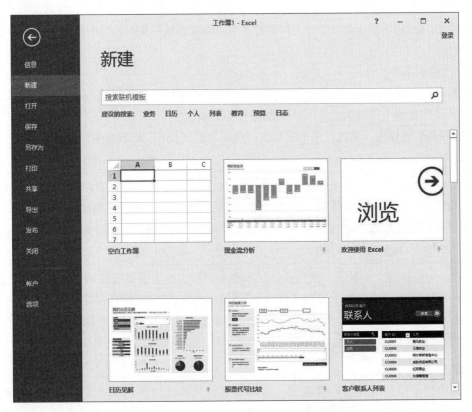

图 4–24　使用"文件"选项卡创建工作簿过程

在"可用模板"列表选择"空白工作簿"选项（可根据需要选择其他模板），完成创建过程。

② 保存工作簿。工作簿创建好后便可以进行编辑等操作，在编辑完成时需要将编辑结果进行保存，保存工作簿的具体步骤如下：

a. 单击快速访问工具栏中的"保存"按钮 （也可打开"文件"选项卡，在弹出的下拉菜单中选择"保存"选项或使用快捷键【Ctrl+S】）。

b. 如果是第一次保存该工作簿文件，执行上述步骤后会弹出图 4–3 所示的"另存为"对话框，在"文件名"文本框输入要命名的文件名后，单击"保存"按钮完成操作。保存时输入的文件名会在下次打开该文件时显示在 Excel 窗口的标题栏。

◎说明

　　在保存工作簿时，还可以在"另存为"对话框中做以下常见的操作：
　　① 通过修改"作者"和"标记"文本框中的内容来编辑或添加作者信息和标记。
　　② 单击"工具"按钮后在弹出的快捷菜单中选择"常规选项"选项，在弹出的"常规选项"对话框中添加或修改相应权限的文件密码。

　　③ 打开工作簿。在实际工作中，常对已有的工作簿文件重新进行编辑，此时就需要先打开该工作簿文件。打开工作簿文件的方法如下：
　　a. 使用文件图标打开。先在资源管理器中找到要打开的工作簿文件，双击该文件图标即可。
　　b. 使用"文件"选项卡打开。先启动 Excel 2016，打开"文件"选项卡，在弹出的菜单中选择"打开"选项，再在弹出的"打开"对话框中通过地址导航栏找到并选中该文件，单击"打开"按钮完成操作。
　　（2）工作表基本操作
　　① 选择工作表。在处理表格数据时，常需要选择某个工作表以便进一步对其进行编辑等操作，在 Excel 中选择工作表操作又可以分为以下几种情况。
　　a. 选择单个工作表。要选择单个工作表，只需单击该表的工作表标签即可。

◎说明

　　在工作簿中有多个工作表时，可能会出现当前窗口无法全部显示所有工作表的工作表标签，此时可以通过"工作表导航栏"中的 ◄ ► … 按钮先显示出隐藏的工作表标签，再单击该标签来选择工作表，也可以右击"工作表导航栏"中的 ◄ ► … 按钮，在弹出的快捷菜单中选择需要的工作表。

　　b. 选择连续的多个工作表。要选择连续的多个工作表，需要在选择第一个工作表后，按住【Shift】键再选择最后一个工作表完成操作。可以通过工作表标签的激活状态判断出选择的工作表。
　　c. 选择不连续的多个工作表。要选择不连续的多个工作表，只需在选择每张工作表时先按住【Ctrl】键再进行选择即可。

◎说明

　　若在选择了多个工作表时修改了活动工作表的数据，则其他被选定工作表的对应单元格数据也会随之改变。如在同时选定 Sheet1 和 Sheet3 时，在 Sheet1 工作表的 A1 单元格中输入内容"测试数据"后，Sheet3 工作表的 A1 单元格内容也变为"测试数据"。

　　② 添加和删除工作表。默认状态下，一个工作簿中包含 1 个工作表，实际应用中，还需要对工作表进行添加和删除。
　　a. 添加工作表：方法一：单击"开始"选项卡"单元格"选项组中"插入"按钮 下方（或右侧）的 按钮，在弹出的菜单中选择"插入工作表"选项完成操作。
　　方法二：右击工作表标签，在弹出的快捷菜单中选择"插入"命令，在弹出的"插入"对话框中选择想要的工作表模板（如图 4-25 所示，默认为"工作表"模板），单击"确定"按钮完成操作。

图 4-25　"插入"对话框

　　b. 删除工作表：

　　方法一：单击要删除工作表的标签以选择该工作表，单击"开始"选项卡"单元格"选项组中"删除"按钮 下方（或右侧）的 按钮，在弹出的菜单中选择"删除工作表"选项完成操作。

　　方法二：右击要删除工作表的标签，在弹出的快捷菜单中选择"删除"选项即可。

　　③ 更改工作表名称。工作簿中的工作表通过工作表名称来相互区分，默认情况下以 Sheet1，Sheet2，Sheet3，…来命名。为了方便我们管理，通常会对工作表进行重命名操作。

　　方法一：双击要重命名的工作表标签，进入标签名编辑状态，输入想要更改的名称后按【Enter】键结束。

　　方法二：在要重命名的工作表标签上右键单击，在弹出的快捷菜单中选择"重命名"选项进入标签名编辑状态，输入想要更改的名称后按【Enter】键结束。

　　④ 移动和复制工作表。工作表还可以在一个工作簿或多个工作簿间进行移动或复制。

　　a. 移动工作表。可以在一个或多个工作簿中移动工作表，若是在多个工作簿中移动时，则要求这些工作簿都必须为打开状态。移动工作表有两种方法：

　　方法一：单击要移动的工作表标签，按住鼠标左键将其拖放到目标工作簿的工作表标签区域，根据出现的倒三角标志确定工作表摆放位置后释放鼠标左键。

　　方法二：右击要移动的工作表标签，在弹出的快捷菜单中选择"移动或复制"选项，再在弹出的 "移动或复制工作表"对话框中根据提示选择目标工作簿和将来工作表在该工作簿中的位置后单击"确定"按钮。

　　b. 复制工作表。移动工作表时将工作表由原来的工作簿移动到新的工作簿中，要想在原来的工作簿中仍保留该工作表，则需要使用工作表复制来完成。可以通过两种方法进行复制：

　　方法一：单击要复制的工作表标签，同时按住"Ctrl"键和鼠标左键将其拖放到目标工作簿的工作表标签区域，根据出现的倒三角标志确定工作表摆放位置后释放鼠标左键。

　　方法二：右击要复制的工作表标签，在弹出的快捷菜单中选择"移动或复制"选项，再地弹出的"移动或复制工作表"对话框中根据提示选择目标工作簿和将来工作表在该工作簿中的位置，选择"建立副本"，单击"确定"按钮，如图 4-26 所示。

在 Excel 2016 中，还可以在工作表标签上右击，通过弹出的快捷菜单进行更改工作表标签颜色、显示和隐藏工作表等操作。

（3）单元格基本操作

① 选择单元格。选择单元格时，通常有以下几种情况：

a. 选择一个单元格。直接单击要选择的单元格即可选择该单元格，默认状态下，单元格被选中后，单元格的地址会显示在名称框中，内容会显示在编辑栏中。

b. 选择一个连续的区域。要选择一个连续的数据区域，可先选定该区域左上角的单元格，同时按住鼠标左键不放并拖动鼠标至该区域的右下角单元格即可。或先选定该区域左上角的单元格，鼠标放到该区域右下角的单元格处，按住【Shift】键，单击此单元格。

图 4-26 "移动或复制工作表"对话框

c. 选择多个不连续的区域。要选择多个不连续区域则需先选定第一个区域，然后按住【Ctrl】键选择第二个区域，同样的操作选择第三个区域，一直到所有区域选择完成。

d. 选择一行（或一列）。选择一行（或一列）时需先将光标移动到行号（或列号）上，当光标变为→（或↓）形状时单击鼠标完成选择。

e. 选择多行（或多列）。选择连续多行（或多列）时，可先选中第一行（或第一列），同时按住鼠标左键不放并拖动鼠标至最后一行（或一列）的行号（或列号）即可。或先选中第一行（或第一列），鼠标放至最后一行（或一列）的行号（或列号），按住【Shift】键，单击行号（或列号）即可。

选择不连续多行（或多列）与选择多个不连续的区域类似，只需从选择第二个行开始同时按住【Ctrl】键即可。

f. 选择整个工作表的单元格。若要选择整个工作表的单元格则需要单击行号和列号相交处的"全选"按钮 （或直接使用【Ctrl+A】组合键）。

② 单元格、行和列相关操作。在选定单元格后，通常会执行编辑、清除、插入、删除等操作。

a. 单元格编辑。单击单元格，输入数据即可。若对已有数据的单元格进行编辑，可双击单元格，光标移至要修改的位置输入数据即可。

b. 清除单元格。清除单元格操作包括删除单元格的内容（数据或公式）、格式（包括数字格式、条件格式和边框）以及附加的批注等。具体操作步骤如下：

选择要清除格式的单元格区域，在"开始"选项卡的"编辑"选项组中单击"清除"按钮 清除· 右侧的按钮，在弹出的菜单中选择对应的命令（鼠标指向每条命令时，有相关的提示）。

c. 单元格、行和列的插入/删除。光标置于要删除的单元格或行/列，单击"开始"选项卡"单元格"选项组中"插入"按钮/"删除"按钮下方（或右侧）的按钮，在弹出的菜单中选择对应的命令。

d. 隐藏行（或列）/显示隐藏的行（或列）。选定要隐藏的行（或列），单击"开始"选项卡中的"格式"按钮⊞，在弹出的菜单中选择"隐藏和取消隐藏"选项，再在弹出的子菜单中选择"隐藏行"（或"隐藏列"）选项。要显示隐藏的行（或列）时，选定被隐藏的行（或列）的前、后行（或列），重复上述操作，在弹出的子菜单中选择"取消隐藏行"（或"取消隐藏列"）选项。

e. 调整行高（或列宽）。有多种方法可调整行高（或列宽），调整时可以是一行（或一列）又可以是多行（或多列），在此介绍常用的两种：

方法一：选定要调整的行或列（可为多行或多列），将光标定位到行号（或列号）的下（或右）边框线上，当光标变为＋（或＋）形状时，按住鼠标左键，拖动到合适的行高（或列宽）时再释放鼠标；些时如若双击，则为"自动调整行高"（或"自动调整列宽"）。

方法二：选择要调整的行或列（可为多行或多列），在"开始"选项卡中单击"格式"按钮⊞，在弹出的菜单中选择"行高"（或"列宽"）选项，在弹出的"行高"（或 "列宽"）对话框中输入想要设置的高度值（宽度值）即可，如图 4-8 所示。

f. 复制/移动单元格区域。关于复制和移动单元格区域，常用两种方式：

方法一：先选中要复制的单元格区域，将光标移到该区域的外边框上，在光标形状变为 ⬚ 时按住【Ctrl】键，当光标变为 ⬚ 形状时，按住鼠标左键拖放到目标区域的左上角单元格。移动时不用按【Ctrl】键，直接鼠标左键拖放即可。

方法二：先选中要复制/移动的单元格区域，按下【Ctrl+C】/【Ctrl+X】组合键进行复制/剪切，将光标定位到目标区域的左上角单元格上，按【Ctrl+V】组合键进行粘贴即可。

（4）数据输入技巧

在 Excel 中输入一些有规律的数据时，除了要注意输入规则外，还可以使用一些快速输入数据的技巧，以提高我们输入数据的效率。

① 使用填充柄填充输入。在 Excel 中输入有规律的数据时，填充柄是一个很方便的工具。使用填充柄可以将当前单元格中的数据或公式快速的按某种规律填充给同一行（或同一列）的单元格，而用户只需拖动当前单元格的填充柄即可完成。填充柄位于当前单元格的右下角，当光标指向该位置时，会自动变为填充柄形状＋，如图 4-7 所示。此时按住鼠标左键并拖动填充柄，便能对拖动过程中填充柄所经过的单元格区域进行数据填充，且不同形式或规律的数据会有不同的填充结果。

a. 相同数据填充。填充相同数据的操作为：先在填充区域的起始单元格中输入要填充的数据，拖动该单元格的填充柄直到填充区域的最后一个单元格松开。

b. 数据序列填充。填充数据序列的操作为：先在填充区域的前两个单元格中依次输入要填充的数据，选定已填写好的这两个单元格，拖动填充柄直到填充区域的最后一个单元格。新填充的数据与先前输入的两个数据按照单元格顺序一起构成一个数据序列，且每两项间递增（或递减）的值（也称为步长）与先前输入的两个数据间的步长相同。

◎注意

　　文本型数字与字符型数字的填充操作有所不同，可与【Ctrl】键配合使用。

② 使用菜单填充输入。通过菜单方式进行数据填充操作，可拥有更多的数据序列类型，具体操作如下：

先在填充区域的起始单元格中输入要填充的起始数据，从该单元格开始（包括该单元格）选定要填充的行或列区域，单击"开始"选项卡|"编辑"选项组|"填充"按钮⊥填充右侧的·按钮，在弹出的菜单中选择"序列"选项，在弹出的"序列"对话框（如图 4-27 所示）中选择相应的序列、类型、步长，再单击"确定"按钮完成操作，填充结果如图 4-28 所示。在选中一个以上单元格时会出现快速分析按钮，单击后可通过一些 Excel 工具（如格式、图表、公式等）快速方便地分析数据。

图 4-27 "序列"对话框   图 4-28 使用菜单填充序列数据后的效果

③ 通过自定义序列填充输入。在 Excel 中某些有规律的数据序列，如月份：一月、二月、……；星期：星期一、星期二、……等。这些数据序列，可通过输入其中一项后直接拖动填充柄在同行（或同列）填充出该组序列。

要按我们想要的序列如"周一、周二、周三、周四、周五、周六、周日"来进行填充，我们需要在 Excel 中自己定义该序列，具体操作步骤如下：

打开"文件"选项卡，在弹出的下拉菜单中选择"选项"命令项，弹出"Excel 选项"对话框，在该对话框的左侧窗格中选择"高级"选项，将右侧窗格中的滚动条向下滚动直到当前显示的为"常规"栏为止（如图 4-29 所示），单击"常规"栏中的"编辑自定义列表"按钮，在弹出的"自定义序列"对话框中左侧列表选择"新序列"选项，右侧的"输入序列"编辑框中按图 4-30 所示的方式输入"周一"到"周日"的自定义序列并单击"添加"按钮；该序列被添加到左侧的"自定义序列"列表底端，单击"确定"按钮退出"自定义序列"对话框。此后使用填充柄即可实现"周一"到"周日"的填充效果。

图 4-29 自定义序列过程

如果要删除自定义序列，可在"自定义序列"对话框左侧列表中选中要删除的自定义序列，再单击"删除"按钮，在弹出的提醒对话框中单击"确定"按钮即可。

从"自定义序列"对话框左侧列表中可以看出，之所以在默认情况下可以直接填充"星期一"到"星期日"等序列是因为这些序列已经被 Excel 默认添加到自定义序列中了。

图 4-30　输入自定义序列

（5）编辑表格数据

Excel 中，当输入的数据需要编辑时，可通过直接双击数据所在单击格进入单元格编辑状态，将光标定位到需要编辑的位置（或选定需要编辑的部分数据）进行编辑操作；也可以先选择要编辑的单元格，将光标定位到编辑栏中进行编辑。

除此之外，Excel 中还允许通过导入外部数据等方式输入表格数据以及通过查找和替换等操作同时对多个单元格数据进行批量的编辑和数据更新。

任务 2　Excel 公式、函数的运用——制作学生成绩表

任务描述

期末考试已经结束，赵老师要综合学生一学期的学习情况给出最终的考核成绩。赵老师按照学生平时出勤、课堂提问情况给出平时成绩；按 4 次大作业的情况给出作业成绩；最后按平时成绩占 20%、作业成绩占 30%、考试成绩占 50% 的比例给出学期成绩。赵老师还要根据学期成绩，对两个班级的学生学习情况进行分析总结，为学生会提供学生干部的学习情况。

任务分析

先将原始数据录入 Excel 工作表，把统计和分析任务就交给 Excel 完成——计算出平时成绩、作业成绩、学期成绩；根据学期成绩给出成绩等级（85 分以上为优秀，60 分以上为及格，60 分以下为不及格）；排出年级名次；按班级对学期成绩进行分析，即计算各项的平均分、优秀率、及格率、最高分、最低分等；统计学生干部的学习情况。

具体方案如下：

① 制作出"成绩总表"和"成绩统计与分析"工作表。

② 用公式填充"平时成绩""学期成绩"；

③ 用函数填充"作业成绩""成绩等级""名次"等；

④ 运用函数对各项成绩进行分析；

⑤ 运用函数找出学生干部的学习成绩、成绩等级和名次；

⑥ 美化工作表（格式设置）。

任务实现

1. 根据需求完善素材中"学生成绩统计表.xlsx"的表结构

具体要求：打开素材中的"学生成绩统计表.xlsx"工作簿，并原名另存到桌面；在 Sheet1 工作表的"作业 1"和"考试成绩"列前各插入 1 列，标题分别为"平时成绩"和"作业成绩"；在"考试成绩"列后增加 3 列，标题分别为"学期成绩""成绩等级"和"名次"。

① 打开素材中的"学生成绩统计表.xlsx"文件，将其另存到桌面上，文件名为"学生成绩统计表.xlsx"；在"Sheet1"表中单击"作业 1"列，右击弹出快捷菜单，选择"插入"命令在"插入"对话框中选择"整列"，则在"作业 1"列前插入一列，在新插入的列 E2 单元格中输入列标题"平时成绩"。

② 单击"考试成绩"列，重复插入列操作，在新插入列的 J2 中单元格输入列标题"作业成绩"。

③ 在"考试成绩"列后，分别输入标题："学期成绩""成绩等级"和"名次"。

④ 右击"Sheet1"表标签，选择"重命名"，输入"成绩总表"。将"Sheet1"更名为"成绩总表"。

2. 填充相关数据

具体要求：利用公式、函数快速计算和填充班级、平时成绩、作业成绩、学期成绩、成绩等级和年级的排名。

（1）填充班级数据

选定 A3 单元格，将光标置于 A3 单元格右下角处的填充柄，按住【Ctrl】键，鼠标拖动至 A26 单元格，完成"计算机 1 班"的填充；选定 A27 单元格，操作同上，完成"计算机 2 班"的填充。

（2）填充平时成绩[平时成绩=(考勤+回答问题)/2]

单击 E3 单元格，输入"=(C3+D3)/2",按【Enter】键，如图 4-31 所示。选定 E3 单元格，双击其填充柄，完成"平时成绩"的填充。

图 4-31　单元格中的公式输入

（3）填充作业成绩（作业成绩为四次作业的平均值）

选定 J3 单元格，单击"公式"选项卡，在"函数库"选项组中，单击 fx 按钮，弹出"插入函数"对话框，如图 4-32 所示。

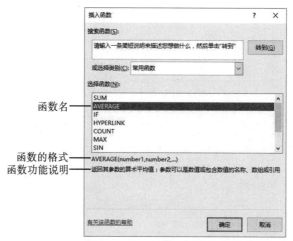

图 4-32　"插入函数"对话框

在"选择函数"框中找到"AVERAGE"函数，单击"确定"按钮，弹出"函数参数"对话框。在"函数参数"对话框中输入"F3:I3"，如图 4-33 所示。单击"确定"按钮，完成 J3 单元格的填充。双击 J3 单元格的填充柄，完成"作业成绩"列的填充。

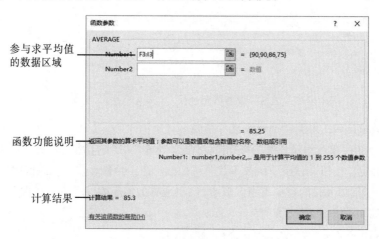

图 4-33　"函数参数"对话框

（4）填充学期成绩（学期成绩=平时成绩×20%+作业成绩×30%+考试成绩×50%）

单击 L3 单元格，在编辑栏中输入"=E3*20%+J3*30%+K3*50%"，如图 4-34 所示，按【Enter】键。再单击 L3 单元格，双击其填充柄，完成"学期成绩"列数据的填充。

图 4-34　编辑栏中输入公式

（5）填充成绩等级（根据学期成绩分三档，85 分以上为优秀，60 分以上为及格，60 分以下为不及格）

选定 M3 单元格，单击编辑栏旁的按钮 f_x，弹出"插入函数"对话框。在对话框中找到"IF"函数，单击"确定"按钮，弹出"函数参数"对话框。在"函数参数"对话框中，按图 4-35 所示顺序进行操作（共 8 步，见图 4-35），完成 M3 单元格的数据填充。双击 M3 单元格的填充柄，完成"成绩等级"列的填充。

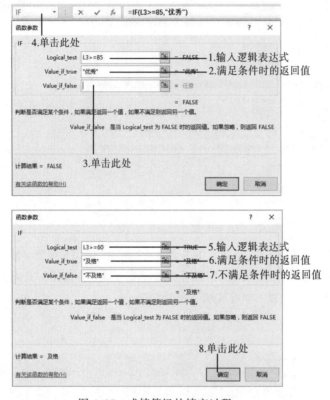

等级填充成绩

图 4-35 成绩等级的填充过程

（6）填充成绩排名（根据学期成绩进行排名）

选定 N3 单元格，单击编辑栏旁的按钮 f_x，弹出"插入函数"对话框。在对话框中找到"RANK"函数，单击"确定"按钮，弹出"函数参数"对话框。在"函数参数"对话框中按图 4-36 所示输入数据，完成 N3 单元格的数据填充。双击 N3 单元格的填充柄，完成"名次"列的填充。

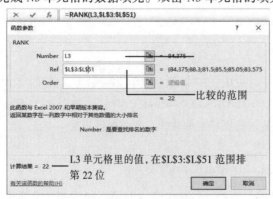

排名填充成绩

图 4-36 "RANK"函数的填充

◎温馨提示

　　① 公式必须以"="开始，然后直接输入表达式即可。在一个公式中，可以包含运算符号、常量、函数、单元格地址等。

　　② 在公式中通过对单元格地址的引用来使用具体位置的数据。

　　③ 当把公式复制或填入到一个新位置时，能使公式中的单元格地址保持不变的，称为绝对地址引用。用在列标和行标前面加上"$"符号来实现。例如，填充名次时对指定范围的引用为 $L$3:$L$51，以保证向下填充时指定范围不变。

　　④ 公式中的各种运算符号都必须是半角符号（英文符号）。

　　⑤ Excel 中所提到的函数，其实质上就是一些预先定义好的公式，它们依据给定的参数按预定的顺序或结构进行计算。因此，函数也必须以"="开始。

　　⑥ 在某些情况下，某函数作为另一函数的参数使用。例如，填充成绩等级就使用了嵌套的 IF 函数。

3. 工作表美化

为使工作表看起来美观，要对工作表进行格式设置。

具体要求如下：标题行文字"计算机专业××课程学生成绩统计表"　字体为"黑体""加粗""20 号""红色"；A1:N1 单元格水平"跨列居中"、垂直"居中"；背景为　"橙色，个性色 6，淡色 80%"；自动调整行高。第二行，字体为"楷体"、"加粗"、"12 号"、"蓝色"、水平居中，行高为　"25"。其他行，行高为"18"，字体为"宋体"、"11 号"、水平居中。全部列宽为"自动调整列宽"。表格框线为"所有框线"。对表中的数值型数据，设置为"数值型""第四种"，并保留 2 位小数。将全部分数低于 60 的数据用红色字体显示。

　　① 选定 A1:N1 单元格，右击，在弹出的快捷菜单中选择"设置单元格格式"命令，弹出"设置单元格格式"对话框，选择"字体"选项卡，设置字体为"黑体""加粗""20 号""红色"；单击"对齐"选项卡，设置水平对齐为"跨列居中"、垂直对齐为"居中"；在"填充"选项卡中，背景色中选择"橙色，个性色 6，淡色 80%"；单击"确定"按钮。光标不动，单击"开始"选项卡|"单元格"选项组的"格式"按钮，选择"自动调整行高"命令，完成格式设置。

　　② 光标置于第二行，单击"开始"选项卡|"单元格"选项组中的"格式"按钮，选择"行高"命令，输入"25"，然后单击"确定"按钮；选定 A2:N2 单元格，在"开始"选项卡|"字体"选项组中选择"楷体""加粗""12 号""蓝色"；在"开始"选项卡|"对齐方式"选项组中单击水平居中按钮 ≡。

　　③ 选定 A3:N51 单元格区域，设置行高为"18"，字体为"宋体"、"11 号"、水平居中，方法同上。

　　④ 选定 A～N 列，单击"开始"选项卡|"单元格"选项组的"格式"按钮，选择"自动调整列宽"命令，完成列宽设置。

　　⑤ 选定 A2:N51 单元格区域，在"开始"选项卡|"字体"选项组中选择 "边框" ⊞ ▾|"所有边框"。

　　⑥ 选定 C3:L51 单元格区域并右击，在弹出的快捷菜单中选择"设置单元格格式"命令，在弹出对话框的"数字"选项卡中选择"数值"格式、第四种、保留 2 位小数，单击"确定"按钮。

⑦ 选定 C3:L51 单元格区域，单击"开始"选项卡|"样式"选项组|"条件格式"按钮|"新建规则"命令，弹出"新建格式规则"对话框。在 "新建格式规则"对话框的"选择规则类型"中，单击"只为包含以下内容的单元格设置格式"；在"编辑规则说明"中选择"小于"选项，并在后面的组合框中输入"60"，单击对话框中的"格式"按钮，在弹出的"设置单元格格式"对话框中选择"字体"选项卡，设置"颜色"为"红色"，单击"确定"按钮完成底于 60 分成绩的红色显示设置。如图 4-37 所示。

图 4-37　条件格式设置

4．在 Sheet2 表中完成"成绩统计与分析表的填充"（要求：统计数据用公式、函数填充）

（1）使用 COUNTIF 函数填充班级人数

"计算机 1 班"人数：单击 B4 单元格，单击编辑栏旁的 *fx* 按钮，弹出"插入函数"对话框。在对话框中找到"COUNTIF"函数，单击"确定"按钮，弹出"函数参数"对话框。在"函数参数"对话框中按图 4-38 所示输入数据，完成 B4 单元格的数据填充。

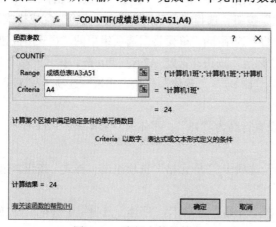

图 4-38　班级人数的填充

填充班级人数

"计算机 2 班"人数：单击 B5 单元格，在编辑栏中输入"=COUNTIF(成绩总表!A3:A51,A5)"，按【Enter】键。也可同前操作，注意"Criteria"栏中的参数应为"A5"。

"年级"人数：单击 B6 单元格，类似上一步操作，在编辑栏中输入"=COUNT(成绩总表!L3:L51)"，按【Enter】键。

（2）使用 SUMIF 函数填充班级平均分

"计算机 1 班"学期成绩平均分：单击 C4 单元格，在编辑栏中输入=SUMIF(成绩总表! $A$3: $A$51,A4,成绩总表! $L$3: $L$51)/B4，如图 4-39 所示，完成 C4 单元格的数据填充。

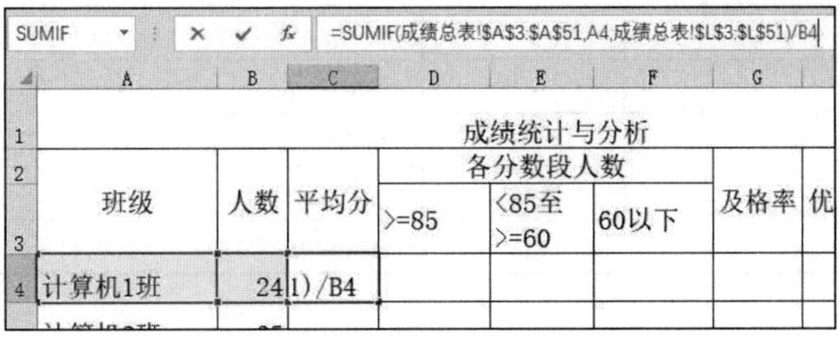

图 4-39　班级学期平均分的填充

"计算机 2 班"学期成绩平均分：将 C4 单元格中的公式向下复制公式即可。

"年级"学期成绩平均分：单击 C6 单元格，在编辑栏中输入"=AVERAGE(成绩总表!L3:L51)"，按【Enter】键。

（3）其他数据填充

插入不同函数时，使用函数对话框的操作步骤基本相同，要注意的是不同函数需要输入的参数个数、类型有所不同，注意查看"函数参数"对话框中的提示说明。

在函数的使用中，也可直接在编辑栏中输入函数。以"计算机 1 班"的数据填充为例，选定对应的单元格，按表 4-1 所示在编辑栏中输入函数、公式即可。

表 4-1　运用函数作数据统计

班	级	单元格	计算机 1 班
人数		B4	=COUNTIF(成绩总表!$A$3:$A$51,A4)
学期平均分		C4	=SUMIF(成绩总表!$A$3:$A$51,A4,成绩总表!$L$3:$L$51)/B4
各分数段人数	>=85	D4	=COUNTIF(成绩总表!$L$3:$L$26,">=85")
	<85且>=60	E4	=COUNTIF(成绩总表!$L$3:$L$26,">=60")−D4
	<60	F4	=COUNTIF(成绩总表!$L$3:$L$26,"<60")
及格率		G4	=(D4+E4)/B4
优秀率		H4	=D4/B4
最高分		I4	=MAX(成绩总表!$L$3:$L$26)
最低分		J4	=MIN(成绩总表!$L$3:$L$26)

填充"计算机 2 班"的数据时，可通过公式的复制来完成，但要注意找准对应的数据，如"计算机 2 班"的学期成绩范围是"成绩总表! $L$27:$L$51"。

填充"年级"数据时操作方法相同。也可直接通过上方数据直接求得，如表 4-2 所示。

表 4-2　用班级数据作年级数据的填充

班	级	单元格	年	级
人数		B6	=SUM(B4:B5)	

续表

班 级		单元格	年 级
学期平均分		C6	=AVERAGE(成绩总表!L3:L51)
各分数段人数	>=85	D6	=SUM(D4:D5)
	<85 且>=60	E6	=SUM(E4:E5)
	<60	F6	=SUM(F4:F5)
及格率		G6	=(D6+E6)/B6
优秀率		H6	=D6/B6
最高分		I6	=MAX(I4:I5)
最低分		J6	=MIN(J4:J5)

（4）格式设置

具体要求：相关人数数据为数值型、无小数；相关分数数据为数值型、2 位小数；及格率、优秀率为百分数型、2 位小数。全部字体为宋体、20 号、垂直、水平居中，自动调整行高/列宽，A2:J6 区域为"所有边框"。

选定 B、D、E、F 列并右击，在弹出的快捷菜单中选择"设置单元格格式"命令，在弹出对话框的"数字"选项卡中选择"数值"格式、小数位数为 0，单击"确定"按钮。选定 C、I、J 列，重复上述操作，设置为数值型、小数位数为 2，单击"确定"按钮。选定 G、H 列，单击"开始"选项卡的"数字"选项组中的百分比按钮，现连击 2 次增加小数位按钮。最终完成的成绩统计表如图 4-40 所示。

				成绩统计与分析					
班级	人数	平均分	各分数段人数			及格率	优秀率	最高分	最低分
			>=85	<85至>=60	60以下				
计算机1班	24	84.81	14	9	1	95.83%	58.33%	90.18	58.95
计算机2班	25	79.52	6	18	1	96.00%	24.00%	90.18	58.95
年级	49	82.11	20	27	2	95.92%	40.82%	90.18	58.95

图 4-40 成绩统计与分析样表

（5）重命名工作表

将 Sheet2 表重命名为"成绩统计与分析"。

右击 Sheet2 表标签，选择"重命名"，输入"成绩统计与分析"。将 Sheet2 更名为"成绩统计与分析"。

5. 在 Sheet3 表中完成"学生干部学习成绩统计表"（要求：统计数据用公式、函数填充）

（1）使用 VLOOKUP 函数填充学生干部的成绩、成绩等级和名次

平时成绩：单击 D3 单元格，在编辑栏中输入= VLOOKUP(B3,成绩总表!B3:N51,4,FALSE)，如图 4-41 所示，按【Enter】键，完成 D3 单元格的数据填充。双击填充柄，完成 D 列的数据填充。

作业成绩：单击 E3 单元格，在编辑栏中输

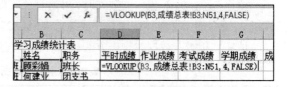

图 4-41 填充平时成绩

入＝VLOOKUP(B3,成绩总表!B3:N51,9,FALSE)，按【Enter】键，完成 E3 单元格的数据填充。双击填充柄，完成 E 列的数据填充。

为了方便函数的复制，可采用相对地址与绝对地址的混合引用。

考试成绩：单击 F3 单元格，在编辑栏中输入＝VLOOKUP($B3,成绩总表!$B$3:$N$51,10, FALSE)，按【Enter】键，完成 F3 单元格的数据填充。双击填充柄，完成 F 列的数据填充。

学期成绩：复制 F3 单元格的函数，将第 3 个参数"10"改为"11"。（在"成绩总表"中，从姓名列开始数，学期成绩所在的列数。）

填充学生干部成绩

成绩等级、名次列的填充方法同上，只需修改相应的列数。可按表 4-3 所示输入函数参数。

表 4-3　学生干部成绩数据的填充

填充列	选定单元格	输入函数参数
平时成绩	D3	=VLOOKUP($B3,成绩总表!$B$3:$N$51,4,FALSE)
作业成绩	E3	=VLOOKUP($B3,成绩总表!$B$3:$N$51,9,FALSE)
考试成绩	F3	= VLOOKUP($B3,成绩总表!$B$3:$N$51,10,FALSE)
学期成绩	G6	= VLOOKUP($B3,成绩总表!$B$3:$N$51,11,FALSE)
成绩等级	H6	= VLOOKUP($B3,成绩总表!$B$3:$N$51,12,FALSE)
名次	I6	= VLOOKUP($B3,成绩总表!$B$3:$N$51,13,FALSE)

（2）填充学生干部的平时、作业、考试、学期成绩的平均值

单击 D19 单元格，在编辑栏中输入＝AVERAGE(D3:D18)，按【Enter】键，完成 D19 单元格的数据填充。拖动填充柄，完成 E19、F19、G19 的数据填充。选中 D19:G19，单击"开始"选项卡|"数字"选项组中的，保留 2 位小数。

（3）格式设置

适当设置字体、字号、边框、底纹，对齐方式。让表格清晰、美观。

（4）重命名"Sheet3"表为"学生干部成绩"

右击"Sheet3"表标签，选择"重命名"，输入"学生干部成绩"，确定。将"Sheet3"更名为"学生干部成绩"，如图 4-42 所示。

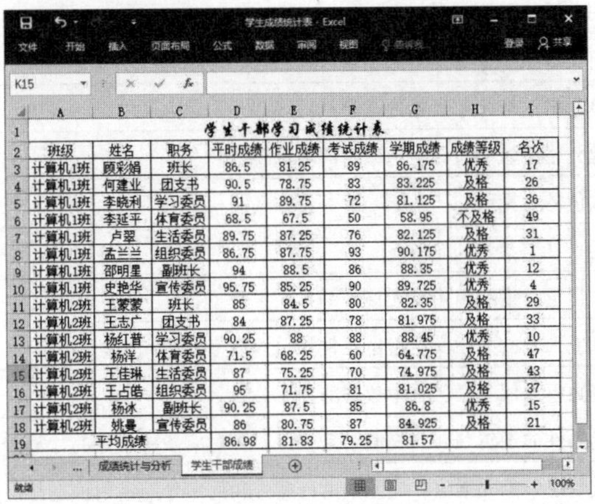

图 4-42　学生干部成绩表

◎温馨提示

① VLOOKUP 函数的功能：在数据区域的首列查找指定的数值，并返回数据区域当前行中指定列处的数值。

② VLOOKUP 函数的语法格式：

VLOOKUP(lookup_value, table_arry, col_index_num, range_lookup)

    查找什么 在哪个区域查找 在区域的第几列查找 精确还是非精确匹配

③ 使用 VLOOKUP 时，查找的内容一定要在数据区域的首列。

任务小结

本任务主要介绍了 Excel 的综合应用。主要包括 RANK、COUNT 和 COUNTIF、IF、SUM 和 SUMIF、AVERAGE、VLOOKUP 等函数及公式的运用。掌握函数填充的重点在于对其功能的理解，要在使用中学习领会其含义和格式要求；理解相对地址与绝对地址的意义、找准数据源（特别是不同表引用）。

通过本任务的学习，我们知道，在 Excel 数据处理中，要得到一个正确的结果，方法并不唯一。生活和工作中可能会遇到各种问题，包括以前从未遇到的问题。要灵活运用所学知识，努力解决问题。

相关知识与技能

1. Excel 常用函数（见表 4-4）

表 4-4　Excel 常用函数

函　数　名	功　　　能	用　途　示　例
ABS	求出参数的绝对值	数据计算
AND	"与"运算，返回逻辑值，仅当有参数的结果均为逻辑"真"（TRUE）时返回逻辑"真"（TRUE），反之返回逻辑"假"（FALSE）	条件判断
AVERAGE	求出所有参数的算术平均值	数据计算
COLUMN	显示所引用单元格的列标号值	显示位置
CONCATENATE	将多个字符文本或单元格中的数据连接在一起，显示在一个单元格中	字符合并
COUNT	统计某个单元格区域中单元格的数目	统计
COUNTIF	统计某个单元格区域中符合指定条件的单元格数目	条件统计
DATE	给出指定数值的日期	显示日期
DATEDIF	计算返回两个日期参数的差值	计算天数
DAY	计算参数中指定日期或引用单元格中的日期天数	计算天数
DCOUNT	返回数据库或列表的列中满足指定条件并包含数字的单元格数目	条件统计
FREQUENCY	以一列垂直数组返回某个区域中数据的频率分布	概率计算
IF	根据对指定条件的逻辑判断的真假结果，返回相对应条件触发的计算结果	条件计算
INDEX	返回列表或数组中的元素值，此元素由行序号和列序号的索引值进行确定	数据定位
INT	将数值向下取整为最接近的整数	数据计算

续表

函　数　名	功　　　　能	用 途 示 例
ISERROR	用于测试函数式返回的数值是否有错。如果有错，该函数返回 TRUE，反之返回 FALSE	逻辑判断
LEFT	从一个文本字符串的第一个字符开始，截取指定数目的字符	截取数据
LEN	统计文本字符串中字符数目	字符统计
MATCH	返回在指定方式下与指定数值匹配的数组中元素的相应位置	匹配位置
MAX	求出一组数中的最大值	数据计算
MID	从一个文本字符串的指定位置开始，截取指定数目的字符	字符截取
MIN	求出一组数中的最小值	数据计算
MOD	求出两数相除的余数	数据计算
MONTH	求出指定日期或引用单元格中的日期的月份	日期计算
NOW	给出当前系统日期和时间	显示日期时间
OR	仅当所有参数值均为逻辑"假（FALSE）"时返回结果逻辑"假（FALSE）"，否则都返回逻辑"真（TRUE）"	逻辑判断
RANK	返回某一数值在一列数值中的相对于其他数值的排位	数据排序
RIGHT	从一个文本字符串的最后一个字符开始，截取指定数目的字符	字符截取
SUBTOTAL	返回列表或数据库中的分类汇总	分类汇总
SUM	求出一组数值的和	数据计算
SUMIF	计算符合指定条件的单元格区域内的数值和	条件数据计算
TEXT	根据指定的数值格式将相应的数字转换为文本形式	数值文本转换
TODAY	给出系统日期	显示日期
VALUE	将一个代表数值的文本型字符串转换为数值型	文本数值转换
VLOOKUP	在数据表的首列查找指定的数值，并由此返回数据表当前行中指定列处的数值	条件定位
WEEKDAY	给出指定日期的对应的星期数	星期计算

2. 常见错误提示

在 Excel 中输入计算公式后，经常会因为输入错误，使公式无法运行。单元格中显示的错误，经常使一些初学者手足无措。现将 Excel 中最常见的一些错误，以及可能发生的原因和解决方法列出如表 4-5 所示，以供参考。

表 4-5　Excel 公式出错信息一览表

出错信息	说　　明
######	出现该错误的原因一般为单元格列宽太窄以致无法全部显示或容纳该单元格中的内容或单元格中包含了负的日期或时间。可通过调整列宽和检查是否存在较小日期与较大日期之间的减法运算等方法进行修改
#DIV/0!	一般在公式中出现了除数为零或空白单元格的除法运算时出现该错误
#VALUE!	公式中出现了不符合规则的数据类型或参数时一般会出现该错误，如公式中用一个人的姓名除以年龄的情况等
#NAME?	公式中如出现了 Excel 无法识别的文本时会出现该错误，如函数名称拼写错误时
#NUM!	当公式或函数中包含无效数值时一般会出现此错误，如公式"=DATE(-30,5,6)"中用 -30 表示的年份信息是无效的

续表

出错信息	说　　明
#N/A	当在公式或函数中引用了一个不包含所需数据的单元格时会出现该错误，此出错信息常会出现在使用查找函数的过程中，如果查找的表格中没有预期要查找的数据时就会出现
#REF!	当单元格引用无效时会出现该错误，如将当前工作表中的公式复制到其他表格但公式中所引用的单元格数据没有同时复制过去就会出现
#NULL!	该错误一般出现的原因是使用了单元格区域引用的交集运算符（即空格）但实际不存在相交的区域

在 Excel 中，除了注意以上的规则等注意事项之外，还需要注意输入法切换、多重括号时括号的位置以及输入公式时公式所在的单元格格式等方面的问题。

任务 3　Excel 数据管理——销售记录管理与分析

任务描述

肖枫是某公司销售部的统计员，负责记录产品的销售情况及售后服务。为了提高工作效率和管理水平，他使用 Excel 工作表来管理销售数据。在他制作的"销售记录单"中，要包括订单编号、发货日期、地区、城市、货款、保修状态和客户姓名等信息。肖枫还需要定期对发货情况进行比较，对保修状态实时监控，统计各地区的销售情况和各地区销售最好的城市等。

任务分析

肖枫决定通过以下方法实现对销售记录的管理和分析：
① 使用"条件格式"命令监控产品的售后状态。
② 使用"排序"命令对销售记录进行归类处理。
③ 使用"筛选"命令快速查找指定的记录信息。
④ 使用"分类汇总"命令按"地区"将销售金额进行汇总，便于随时监察销售情况。
⑤ 使用"数据透视表"命令，创建立体式的数据分析结果。
最终完成的"销售记录单"效果如图 4-43 所示。

	A	B	C	D	E	F	G	H	I
1	销售记录单								
2	订单编号	发货日期	保修期（年）	到期日	是否过期	地区	城市	金额	联系人
3	KB01215	2013年8月12日	1	2014年8月12日	过期	华南	桂林	¥5,639.10	冯刚
4	KB01201	2013年3月3日	5	2018年3月3日	保修	华东	南京	¥11,135.65	李伟
5	KB01202	2013年3月11日	2	2015年3月11日	过期	华东	杭州	¥10,354.23	李伟
6	KB01204	2013年9月25日	3	2016年9月25日	过期	华东	上海	¥4,532.15	李伟
7	KB01206	2013年6月19日	1	2014年6月19日	过期	华中	开封	¥1,396.55	刘峰伟
8	KB01207	2013年7月9日	6	2019年7月9日	保修	华中	长沙	¥6,534.21	刘峰伟
9	KB01209	2013年10月5日	1	2014年10月5日	过期	华中	开封	¥1,225.50	刘峰伟
10	KB01203	2013年3月23日	1	2014年3月23日	过期	华东	杭州	¥7,532.14	刘小羚
11	KB01205	2013年4月19日	2	2015年4月19日	过期	华中	武昌	¥6,998.22	马王龙
12	KB01208	2013年9月9日	4	2017年9月9日	保修	华中	武昌	¥26,441.33	马王龙
13	KB01210	2013年4月20日	2	2015年4月20日	过期	华北	石家庄	¥12,389.54	侯九思
14	KB01212	2013年8月7日	10	2023年8月7日	保修	华北	太原	¥9,823.12	侯九思
15	KB01216	2013年8月28日	1	2014年8月28日	过期	华南	深圳	¥8,856.21	陈健
16	KB01213	2013年5月12日	2	2015年5月12日	过期	华南	广州	¥5,433.21	徐露露
17	KB01214	2013年5月19日	1	2016年5月19日	过期	华南	深圳	¥22,134.65	徐露露
18	KB01211	2013年7月19日	3	2016年7月19日	过期	华北	济南	¥5,822.36	张力
19	合计							¥146,248.17	

图 4-43　销售记录单

任务实现

1. 根据需求完善 "销售记录管理.xlsx" 的表结构，并填充数据

具体要求：打开素材中的"销售记录管理.xlsx"工作簿，并原名另存到桌面；重命名 Sheet1 表为"销售记录单"；在"保修期（年）"列后插入"到期日"和"是否过期"两列，并快速完成数据填充；合并 A19:C19 单元格，输入"合计"，并在 H19 单元格中计算合计金额。

① 打开素材中的"销售记录管理.xlsx"文件，将其另存到桌面上，文件名为"销售记录管理.xlsx"，右击"Sheet1"表标签，选择"重命名"，输入"销售记录单"，单击"确定"按钮。

② 在"销售记录单"表中选定 D、E 列，在"开始"选项卡|"单元格"选项组中单击"插入"按钮 ⊞插入，插入两列；在 D2 和 E2 单元格中输入列标题"到期日"和"是否过期"。

③ 单击 D3 单元格，单击编辑栏左边的 ƒ 按钮，弹出"插入函数"对话框。在对话框中找到"DATE"函数，如图 4-44 所示。单击"确定"按钮，弹出"函数参数"对话框。在"函数参数"对话框中按图 4-45 所示输入数据，单击"确定"按钮，完成 D3 单元格的数据填充。双击 D3 单元格的填充柄，完成"到期日"列的数据填充。

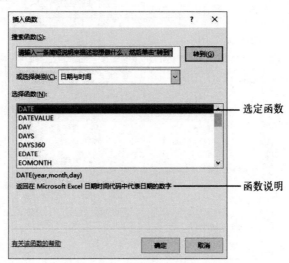

图 4-44　插入 DATE 函数

④ 单击 E3 单元格，单击编辑栏左边的 ƒ 按钮，弹出"插入函数"对话框。在列表中找到"IF"函数，单击"确定"按钮，弹出"函数参数"对话框。在"函数参数"对话框中按图 4-46 所示输入数据，完成 E3 单元格的数据填充。双击 E3 单元格的填充柄，完成"是否过期"列的数据填充。

⑤ 选定 A19:C19 单元格，在"开始"选项卡|"对齐方式"选项组中单击 ⊞▾ 按钮，输入"合计"；选定 H19 单元格，再单击"编辑"选项组中的"求和" ∑▾ 按钮，按【Enter】键，完成金额项的求和。

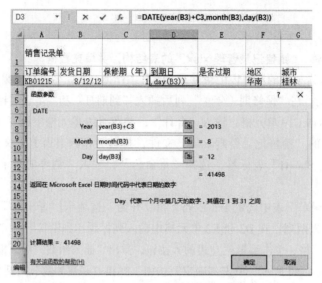

图 4-45　DATE 函数的参数填写

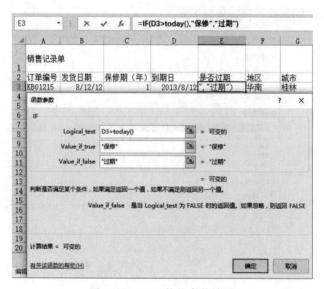

图 4-46　IF 函数的参数填写

2．对"销售记录单"工作表进行格式设置

　　具体要求：调整工作表格式，使其整齐、美观，方便管理。（参考格式：第一行设置为楷体、18 号、加粗、合并后居中；数据区域设置为行高为 18，自动调整列宽，并设置字体为宋体、10 号、水平和垂直居中；发货日期和到货日期列设置为日期格式×××年××月××日型，自动调整列宽；金额列设置为"货币"类，符号为"￥"，负数为第 4 种，保留 2 位小数；列标题设置填充色为"橄榄色"；19 行的文字字体加粗；为表格设置边框线。）

　　① 选定 A1:I1，在"开始"选项卡|"单元格"选项组中单击"格式"|"单元格大小"|"自动调整行高"命令；在"字体"选项组中设置：楷体、18 号、加粗；在"对齐方式"选项组中单击"合并后居中"按钮 ▦▾ 。

② 选定 A2:I19 单元格区域，在"开始"选项卡|"单元格"选项组中点击 "格式"|"单元格大小"|"行高"命令，输入行高"18"；选择"格式"|"单元格大小"|"自动调整列宽"命令；在"字体"选项组中设置：宋体、10 号；在"对齐方式"选项组中单击水平居中按钮▤、垂直居中按钮▤。

③ 选定 B、D 列，在"开始"选项卡|"数字"选项组中单击 数字 ▣，在弹出的"单元格格式"对话框中（当前为"数字"选项卡）的"分类"列表中选择"日期"；"类型"列表中选择"2012 年 3 月 14 日"型，单击"确定"按钮完成设置。双击列标题 B 与 C 的交界处，自动调整列宽。

④ 选定 H 列，在"开始"选项卡|"数字"选项组中单击 数字 ▣，在弹出的"单元格格式"对话框中的"分类"列表中，选择"货币"类，符号为"￥"，第 4 种，小数位数选择 2，如图 4-47 所示；选择"对齐"选项卡，水平选择"靠右"，单击"确定"按钮完成设置。

图 4-47　货币型数据的设置

⑤ 选定 A2:I2 单元格区域，单击"字体"选项组中的 ▣▾ 按钮，选择"橄榄色，个性色 3"底纹。

⑥ 选定 A19:I19 单元格区域，在"字体"选项组中单击 B 按钮，完成字体加粗。调整列宽。

⑦ 选定 A2:I19 单元格区域，在"字体"选项组中单击 田▾ 按钮（所有框线），完成表格边框线的设置。

3. 当记录过了保修期后"过期"字样自动变色

具体要求：对"是否过期"列，进行"条件格式"设置，将已过保修期的记录，"过期"字样自动用"红色"显示。

① 选定 E3:E18 区域，单击"样式"选项组中|"条件格式"|"突出显示单元格规则"|"等于"，弹出"等于"对话框。条件格式菜单如图 4-48 所示。

② 在"等于"对话框中按图 4-49 所示输入"过期"字样，选择 "红色文本"，单击"确

定"按钮。此时，值为"过期"字样全部显示为红色。

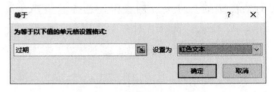

图 4-48　条件格式设置菜单　　　　　　　　　　　图 4-49　过期条件格式设置

4. 按地区重新排列记录，同一地区的销售金额高的在前

具体要求：建立"销售记录单"工作表的副本，将其命名为"排序"。在"排序"工作表中以"地区"为主要关键字升序（拼音字母顺序）排列，以"金额"为次要关键字降序（由大到小）排列。

① 右击"销售记录单"工作表标签，单击"移动或复制"命令，弹出"移动或复制工作表"对话框，选定"建立副本"，如图 4-50 所示。单击"确定"按钮。

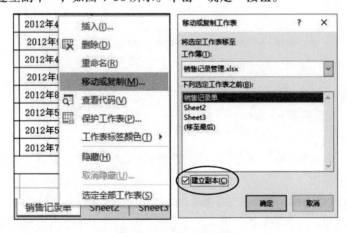

图 4-50　工作表的复制

② 右击新复制的工作表标签，选择"重命名"命令，输入"排序"，按【Enter】键。

③ 在排序工作表中选定 A2:I18 单元格区域，单击"数据"选项卡|"排序和筛选"选项组中的"排序"按钮，弹出"排序"对话框。按图 4-51 所示设置主要关键字，再单击"添加条件"按钮，设置次要关键字后单击"确定"按钮结束。表中记录将按地区升序（拼音字母顺序）排列，地区相同的将按金额降序（由大到小）排列。

图 4-51　排序设置

5. 工作表的插入及内容复制

具体要求：插入 2 个工作表，并将"销售记录单"表中的记录复制到每一张表中，并调整列宽，让内容显示完全。

① 单击工作表标签旁边的"新工作表"按钮⊕，插入 1 张工作表。重复操作，再插入 1 张工作表。

② 选定"销售记录单"表中的 2～18 行内容并右击，选择"复制"命令；选定 Sheet2 表标签，单击 A1 单元格，右击，选择"粘贴"命令。在 Sheet3、Sheet4、Sheet5 工作表中重复粘贴操作。

③ 分别设置各表中的列为"最合适的列宽"。

6. 只显示销售金额最高的前 5 条记录的操作

具体要求：在 Sheet2 表中，用自动筛选方式显示"金额"最高的前 5 条记录，并将该表命名为"前 5 名"。

① 在 Sheet2 表中单击数据清单，选择"数据"卡|"筛选"按钮▼，进入自动筛选状态。

② 单击"金额"右下角的自动筛选标记▼，弹出菜单；单击"数字筛选"|"前 10 项"，按图 4-52 所示输入选项，单击"确定"按钮。当前表中只显示"金额"最高的 5 条记录。

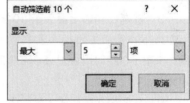

图 4-52　设置自动筛选选项

③ 将 Sheet2 重命名为"前 5 名"。

7. 只显示华中地区刘峰伟的销售记录的操作

具体要求：在 Sheet3 表中，用自动筛选方式显示"地区"为"华中"，"姓名"为"刘峰伟"的销售记录，并将 Sheet3 表重命名为"华中-刘"。

① 在 Sheet3 表中设置自动筛选，步骤同上。

② 单击"地区"下的自动筛选标记▼，拉出菜单；只选择"华中"；单击"联系人"下的自动筛选标记▼，只选择"刘峰伟"。当前表中只显示地区为"华中"，且联系人为"刘峰伟"记录。

③ 将 Sheet3 重命名为"华中-刘"。

8. 挑选出上海和广州两个城市的销售记录的操作

具体要求：在 Sheet4 表中，使用高级筛选，筛选出"上海"和"广州"的销售记录，筛选条件放在 K2:K4 区域，筛选结果放在 A20 单元格位置。

① 在 Sheet4 表的 K2:K4 区域输入筛选条件，格式如图 4-53 所示。

② 单击数据清单，选择"数据"卡|"排序和筛选"选项组|"高级"按钮 ，在弹出的"高级筛选"对话框中选择"将筛选结果复制到其他位置"，并按图 4-54 所示设置"列表区域"为"$A$1:$I$17 "，"条件区域"为"Sheet4!$K$2:$K$4"，"复制到"为"Sheet4!$K$20"。

图 4-53 高级筛选的条件设置　　图 4-54 高级筛选的选项设置　　　高级筛选（1）

③ 单击"确定"按钮，在 A20 单元格位置显示出筛选结果，如图 4-55 所示。

20	订单编号	发货日期	保修期（年）	到期日	是否过期	地区	城市	金额	联系人
21	KB01204	2012年9月25日	3	2015年9月25日	过期	华东	上海	¥4,532.15	李伟
22	KB01213	2012年5月12日	2	2014年5月12日	过期	华南	广州	¥5,433.21	徐珊珊

图 4-55 高级筛选结果

9. 挑选出销售金额大于 10 000 元或小于 5 000 元的记录的操作

具体要求：在 Sheet4 表中，筛选出"金额"大于 10 000，或者"金额"小于 5 000 的销售记录。筛选条件放在 K7:L9 区域，筛选结果放在 A25 单元格。

① 在 K7:L9 区域输入筛选条件，格式如图 4-56（a）所示。

② 单击数据清单，选择"数据"选项卡|"排序和筛选"选项组|"高级"按钮 ，在弹出的"高级筛选"对话框中选择"将筛选结果复制到其他位置"，在"列表区域""条件区域"和"复制到"文本框中按表 4-6 所示输入相应的内容，单击"确定"按钮。筛选结果显示在 A25 单元格位置。

高级筛选（2）

表 4-6 "高级筛选"对话框编辑栏的输入内容

筛 选 任 务	列表区域	条件区域	复制到
筛选出"上海"和"广州"的销售记录	A1:I17	K2:K4	A20
筛选出"金额"大于 10 000 元或者"金额"小于 5 000 元的销售记录	A1:I17	K7:L9	A25
筛选出"金额"界于 5 000 元和 10 000 元之间、并且是"华中"地区的销售记录	A1:I17	K14:M15	A38

10. 挑选出华中地区销售金额介于 5 000 元和 10 000 元之间的记录

具体要求：在"Sheet4"表中，筛选出"金额"小于 10 000，但大于等于 5 000，并且地区是"华中"的销售记录，筛选条件放在 K14:M15 区域，结果放在 A38 单元格。将 Sheet4 重命名为"高级筛选"。

① 在 K14:M15 区域输入筛选条件，格式如图 4-56（b）所示。

② 单击数据清单，选择"数据"|"筛选"|"高级筛选"的 ▼高级 按钮，在弹出的"高级筛选"对话框中，按表 4-6 所示输入相应内容，单击"确定"按钮。筛选结果显示在 A38 单元格位置。

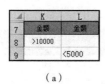
（a）

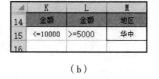
（b）

图 4-56 高级筛选的条件区域

③ 将 Sheet4 重命名为"高级筛选"。操作同前。

高级筛选（3）

11. 建一个能够显示出各地区的销售金额的工作表

具体要求：在 Sheet5 表中，按"地区"字段对销售记录进行分类汇总，以获得各地区的销售金额的总和。将 Sheet5 重命名为"分类汇总"。

① 将 Sheet5 重命名为"分类汇总"。

② 单击"地区"所在列的任意一个数据，单击"数据选项卡"|"排序和筛选"选项组中的排序按钮 ，使记录按地区排序。

③ 单击"数据选项卡"|"分组显示"选项组中的 "分类汇总"按钮 分类汇总，在"分类汇总"对话框中选定对应的选项，如图 4-57 所示。单击"确定"按钮，实现按地区对金额的求和汇总。

12. 建一个能够按"地区"查找销售记录的工作表

具体要求：根据"销售记录单"工作表中的数据创建一个能够按"地区"查找销售记录的数据透视表

① 选定"销售记录单"工作表，单击数据清单，单击"插入"选项卡|"表格"选项组|"数据透视表"按钮 ，弹出"创建数据透视表"对话框，如图 4-58 所示；核查数据区域是否正确、选择数据透视表的位置，单击"确定"按钮。

图 4-57 "分类汇总"对话框

图 4-58 "创建数据透视表"对话框

② 生成图 4-59 所示的数据透视表设置界面，其中左侧为一个空数据透视表，右侧为"数据透视表字段"。将右侧的"数据透视表字段"窗口上方的数据字段名（地区、城市、发货日期、金额）对应拖放到该窗口下方的四个或部分几个空区域中完成设置过程。随着拖放的字段不同原来的空数据透视表就会生成相应的数据透视表，如图 4-60 所示。

图 4-59　数据透视表设置界面

图 4-60　生成的数据透视表

③ 单击"数据透视表工具"|"分析"卡|"显示"选项组中的"字段列表"按钮，可关闭/打开右侧的"数据透视表字段"窗口。

④ 选中表格区，设置为"所有边框"。

⑤ 在透视表中展开"地区"下拉列表，从中选择"华北"，此时透视表中只显示华北地区的销售记录，如图 4-61 所示。单击表中的各下拉列表，可得到不同的显示结果。

数据透视表

	A	B	C	D	E
1	地区	华北			
2					
3	求和项:金额	列标签			
4	行标签	4月20日	7月19日	8月7日	总计
5	济南		5822.36		5822.36
6	石家庄	12389.54			12389.54
7	太原			9823.12	9823.12
8	总计	12389.54	5822.36	9823.12	28035.02
9					

图 4-61　通过数据透视表查看"华北"地区的销售情况

任务小结

运用 Excel 中的公式、函数、序列等功能可以使数据按照希望的顺序进行快速填充；通过数据格式的控制，可以按照指定格式给予显示；利用排序功能可以使数据按照希望的顺序进行调整；强大的筛选功能可根据要求，只显示想看到的数据。

当需要对数据按不同项进行分类小计、总计等操作时，可使用分类汇总和数据透视表功能进行分析和统计。

相关知识与技能

1. 数据清单

在 Excel 中，数据处理是针对数据清单进行的。数据清单是一张含有多行多列相关数据的二维表格。通常将数据清单中的列称为"字段"，列标题称为"字段名"；数据清单中的行称为"记录"，每条记录中包含对应项目的数据。

2. 数据排序

排序是指将表中数据按某列或某行递增或递减的顺序进行重新排列。根据一列或多列中的值对行进行排序，称为"按列排序"。根据一行或多行中的值对列进行排序，称为"按行排序"。 通常数字由小到大、字母由 A 到 Z 的排序称为升序，反之称为降序。

3. 数据筛选

数据筛选是指在数据清单中只显示符合某种条件的数据，不满足条件的数据被暂时隐藏起来，并未真正被删除；一旦筛选条件被取消，这些数据又重新出现。

筛选分为自动筛选和高级筛选，前者用于简单条件筛选，后者多用于复杂条件筛选。

4. 分类汇总

分类汇总操作可将数据清单中的数据按某列进行分类，并同时实现按类统计和汇总。在分类汇总时，系统会自动创建相应的公式，如求和、求平均值等对各类数据进行运算，并将运算结果以分组的形式显示出来。

分类汇总操作主要分为两步进行，即先分类再汇总，体现在 Excel 中就是先排序再汇总。

5. 数据透视表

数据透视表可认为是一种快速汇总、分析和浏览大量数据的有效工具和交互式方法，通过数据透视表可形象地呈现表格数据的汇总结果。

在创建数据透视表的同时还可以创建基于透视表的数据透视图，数据透视图是数据透视表的图形表示形式，它与数据透视表相关联，在透视表中任何字段的布局或数据更改将立即在透视图中反映出来。

任务 4　Excel 图表制作——公司薪资支出状况分析

任务描述

张京到公司上班不久，领导递给她一份下属公司职工薪资表，让她分析下属各分公司薪资支出和人员结构情况，以便根据情况对各分公司的发展做出调整。要求分析结果易于理解和直观。

任务分析

张京对给定的"员工薪资表"和任务要求进行认真分析，经过仔细考虑，决定用 Excel 函数、分类汇总和数据透表等进行数据统计分析，用图表功能增加数据分析的直观性。具体方案如下：

① 完善数据表结构，适当美化工作表。

② 利用函数、分类汇总和数据透表进行数据统计分析。

③ 利用图表功能，让分析数据更加直观的体现。

最终通过"公司薪资支出情况图""分公司部门薪资支出对比图"和"员工工龄分布图"充分的体现数据分析的结果，为公司的战略发展、人员结构调整提供数据支持。

任务实现

1. 根据需求完善"职工薪资支出情况表.xlsx"的表结构及数据

具体要求：打开素材中的"职工薪资支出情况表.xlsx"文件，原名另存到桌面;在 Sheet1 表的第 1 列前增加"序号"列；在工作时间列后增加"工龄"列；填充新增列的数据。

① 打开素材中的"职工薪资支出情况表.xlsx"文件，将其另存为桌面上，文件名为"职工薪资支出情况表.xlsx"，在 Sheet1 表中选定 A 列，单击"开始"选项卡|"单元格"选项组|"插入"按钮 ；在 A2 单元格中输入列标题"序号"。选定 G 列，重复插入列的操作，在 G2 单元格中输入列标题"工龄"。

② 在 A3 单元格中输入"1"，单击填充柄，按住【Ctrl】键，拖动填充柄至 A44，完成序号的填充。

③ 单击 G3 单元格，输入"=YEAR(TODAY())-YEAR(F3)"，按【Enter】键；选定 G3 单元格，打开"设置单元格格式"对话框，选择"数字"选项卡，选择"数值"型、"无小数"，单击"确定"按钮。双击填充柄，完成"工龄"字段的填充。

2. 对工作表进行格式设置

具体要求：调整工作表格式，使其整齐、美观，方便管理。[参考格式：表标题设置为楷体、18 号、加粗、蓝色，水平和垂直居中（A1:H1），行高 30；其他数据区域套用表格格式 "表样式浅色 20"，水平和垂直"居中"；工作日期列设置为 yyyy-mm-dd 型。]

① 选定 A1:H1，打开"设置单元格格式"对话框，选择"对齐"选项卡，在文本对齐方式中选定水平"居中"、垂直 "居中"，文本控制项中选定"合并单元格"。在"字体"选项卡中设置字体为楷体、18 号、加粗、蓝色。单击"开始"选项卡|"单元格"选项组中的"格式"按钮，选择"行高"命令，输入行高"30"，单击"确定"按钮。

② 选定 A2:H44，单击"开始"选项卡|"样式"选项组中的"套用表格格式"按钮|"表样式浅色 20"；在"表格工具"|"设计"|"表格样式选项"中取消筛选按钮；对齐方式选项组中选择"水平和垂直居中"。

③ 选定 F 列，打开"设置单元格格式"对话框，在"数字"选项卡中选择分类为"自定义"，类型处输入"yyyy-mm-dd"，如图 4-62 所示。单击"确定"按钮，完成日期格式的设置。

◎温馨提示

> 在表格套用了表样式后，只需单击该表格中的任一单元格，功能区就会出现"表格工具"选项卡，在该选项卡中还包含着"设计"子选项卡，可通过单击该子选项卡下"表格样式"组中的相应按钮对套用的表格样式进行修改或单击该组的第一个按钮回到无表格样式的状态。

图 4-62　"自定义"格式设置

3. 对各公司薪资支出情况进行统计，并用饼图表显示

具体要求：新建 Sheet1 表的副本，重命名为"分类汇总"；在"分类汇总"工作表中按"分公司"对"薪资"进行求和汇总。建立名为"分公司薪资汇总图"的工作表图表，用饼图显示 4 个分公司的薪资状况；图表标题"各分公司薪资支出情况"，字体为华文行楷体、32、加粗、居中、深红色；图例放在图表的底部，"无线条"、填充色为"橙色"；添加数据标签，标签包括：类别名称、值、百分比、显示引导线，标签位置为"最佳匹配"。

① 单击 Sheet1 表标签，按住【Ctrl】键，拖放到 Sheet2 后，完成对 Sheet1 表的复制。重命名新复制的工作表为"分类汇总"。

② 在"分类汇总"工作表中，单击数据清单中"分公司"列中的任意单元格，单击"开始"选项卡|"编辑"选项组中的"排序和筛选"按钮，下拉菜单中选择"升序"命令，完成按"分公司"的升序排列。

③ 单击"设计"选项卡|"工具"选项组|"转换为区域"按钮，确认后将表格转换为普通区域。

④ 选择"数据"选项卡|"分级显示"选项组|"分类汇总"按钮，在"分类汇总"对话框中选定对应的选项，如图 4-63 所示。单击"确定"按钮，实现按"分公司"对薪资的汇总。

⑤ 单击表右上角的标签中的，收起记录。此时只显示 4 个分公司的薪资总额。

⑥ 作三维饼图，显示 4 个分公司的薪资状况。

三维饼图

a. 选定要用于生成图表的数据源，如图 4-64 所示。

图 4-63 分类字段和汇总项的选定 　　　　图 4-64 选定数据源

b. 在"开始"选项卡|"编辑"功能区下，单击"查找与选择"，再单击"定位条件"。在条件定位对话框中选择"可见单元格"，单击"确定"按钮，如图 4-65 所示。

c. 选择"插入"选项卡|"图表"选项组|"插入饼图或圆环图"按钮 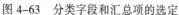 选择"三维饼图"，在"位置功能区"单击"移动图表"按钮，弹出的"移动图表"对话框中选择"新工作表"，输入图表名"分公司薪资汇总图"。生成一个名为"分公司薪资汇总图"新的工作表图表，如图 4-66 所示。

d. 将图表标题修改为"各分公司薪资支出情况"。设置字体格式：华文行楷体、32、加粗、居中、深红色。

e. 选中图表图例并右击，选择"设置图例格式"命令，弹出"设置图例格式"对话框中，"图例位置"选择底部；"填充与线条"中设置填充为"纯色填充"，颜色选择"橙色"，边框为"无线条"。

图 4-65 设定定位条件步骤

f. 在饼图上选定数据系列并右击，选择"添加数据标签"命，完成添加数据标签；右击，并选择"设置数据标签格式"，在"设置数据标签格式"对话框中按图 4-67 设置，单击"关闭"按钮。设置字体格式：楷体、20 号。

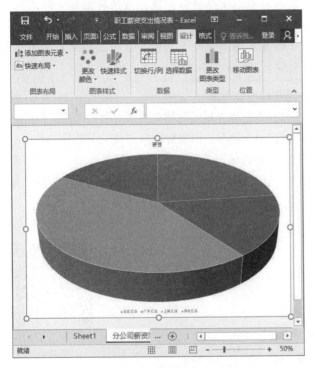

图 4-66 新生成的工作表图表

图 4-67 数据标签设置

完成的"分公司薪资汇总图"效果如图 4-68 所示。

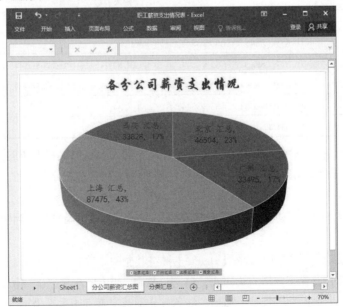

图 4-68 "分公司薪资汇总图"效果图

◎说明

① 在表格套用了表样式后，表格处于设计状态。此时"分类汇总"命令呈灰显。若要在表格中添加分类汇总，首先必须将该表格转换为常规数据区域，然后再添加分类汇总。请注意，这将从数据删除表格格式以外的所有表格功能。

② 我们利用"定位条件"，选定了可以看见的单元格（不包含被隐藏的单元格）。"定位条件"对话框中还有诸多选项，为我们提供强大的使用功能。

4. 对公司员工工龄情况进行统计，并用折线图表显示

具体要求：在 Sheet2 表中，按图 4-69 建立表结构并用函数填充各工龄段的人数；根据统计数据，使用带数据标记的折线图显示员工工龄的分布状况；图表标题为"员工工龄分布图"，隶书、14、加粗、紫色；不显示"图例"；垂直坐标轴标题为"工龄"，字体为隶书、10、加粗、红色，设置刻度为最小值为 2，主要刻度值 2，分类轴交叉于 2；垂直、水平坐标轴字体格式为宋体、10 号、红色；绘图区填充选择渐变填充；重命名工作表为"工龄分布图"。

	A	B	C	D	E	F
1	公司人员工龄分布情况					
2	30年以上	29-25年	24-20年	19-15年	14-10年	10年以下
3						

‹ › ... Sheet2 Sheet: ... ⊕ ⫶ ◁

图 4-69　表结构的输入

折线图

① 在 Sheet2 表中按图 4-69 所示，输入相应表结构。根据 Sheet1 表中的"工龄"字段用函数 COUNTIF 统计各段人数，具体如表 4-7 所示。

表 4-7　统计各段工龄的表达式

字 段 名	单 元 格	输入表达式
30 年以上	A3	=COUNTIF('Sheet1 '!$G$3:$G$44,">=30")
25～29 年	B3	=COUNTIF('Sheet1 '!$G$3:$G$44,">=25")-A3
20～24 年	C3	=COUNTIF('Sheet1 '!$G$3:$G$44,">=20")-COUNTIF('Sheet1 '!$G$3:$G$44,">=25")
15～19 年	D3	=COUNTIF('Sheet1 '!$G$3:$G$44,">=15")-COUNTIF('Sheet1 '!$G$3:$G$44,">=20")
10～14 年	E3	=COUNTIF('Sheet1 '!$G$3:$G$44,"<15")-F3
10 年以下	F3	=COUNTIF('Sheet1 '!$G$3:$G$44,"<10")

② 选定 A2:F3 数据区域，单击"插入"选项卡|"图表"选项组右下角的▣按钮，在弹出的对话框中选择"带数据标记的折线图"，如图 4-70 所示。单击"确定"按钮，在 Sheet2 表中插入折线图。

③ 选择"图表布局"选项组中的"快速布局"按钮，选择布局 1，得到图表布局如图 4-71 所示。

④ 单击"系列 1"（图例），按【Delete】键将其删除；选定"图表标题"，输入图表标题"员工工龄分布图"，设置字体格式为隶书、14 号、加粗、紫色；选定"坐标轴标题"，输入 "工龄"，设置字体格式为隶书、10 号、加粗、红色；分别选定垂直、水平坐标轴，设置字体格式为宋体、10 号、红色。

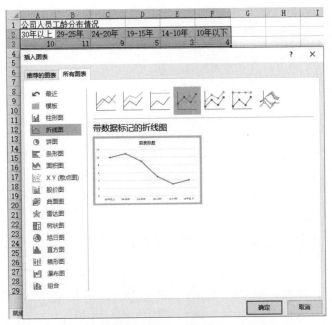

图 4-70　数据源选定和插入图表对话框操作

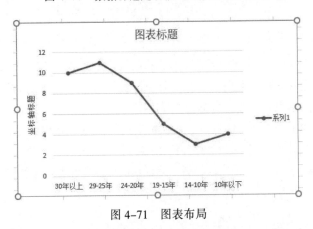

图 4-71　图表布局

⑤ 选定垂直坐标轴，右击|"设置坐标轴格式"命令，按图 4-72 所示设置刻度：最小值为 2，主要刻度为 2；横坐标轴交叉|坐标轴值为 2。

⑥ 选中绘图区并右击，选择"设置绘图区格式"命令，在弹出的对话框中选择填充为"渐变填充"，在"预设渐变"里选择"浅色渐变-个性色 6"，单击"关闭"按钮。

⑦ 重命名工作表为"工龄分布图"，完成的"工龄分布图"效果如图 4-73 所示。

5. 对各分公司的各部门人均薪资情况进行统计，并用数据透视图显示

具体要求：建立一个数据透视表及数据透视图，行标签是分公司，列标签是部门，对薪资求平均值。新建的数据透视表命名为"数据透视表"，表中数据全部保留 2 位小数。数据透视图移动到新工作表中，命名为"人均薪资情况图"；修改图表布局，图表标题为"各公司人均薪资情况图"，字体为华文行楷、28 号、加粗、深蓝色；图表中其他字体格式为宋体、12 号；图表区填充纹理为"水滴"；绘图区填充为"浅色渐变-个性色 6"；网格线设置为蓝色。

图 4-72 坐标轴刻度设置

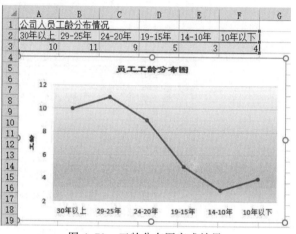

图 4-73 工龄分布图完成效果

① 选定 Sheet1 工作表，单击数据清单，单击"插入"选项卡|"图表"选项组|"数据透视图"，在弹出的"创建数据透视图"对话框中选择"新工作表"，单击"确定"按钮，形成新工作表。新工作表中包含"数据透视表"和"数据透视图"。

② 光标定位在"数据透视表"区域，用鼠标将"分公司"字段拖放到右下窗口的"行标签"中；"部门"字段拖放到"列标签"中；"薪资"字段拖放到"Σ数值"中，单击放入的字段，在弹出的菜单中选择"值字段设置"，在"值字段设置"对话框的计算类型中选择平均值（见图 4-74），单击"确定"按钮。

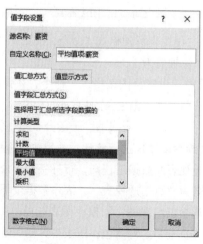

图 4-74 值字段设置

③ 设置"数据透视表"的全部数据项为"数值"型、保留 2 位小数；重命名工作表为"数据透视表"。"数据透视表"效果如图 4-75 所示。

平均值项:薪资	部门			
分公司	培训部	软件部	销售部	总计
北京	4659.33	5156.50	3966.67	4650.40
广州	3434.00	4568.00	3514.25	3721.67
上海	5044.00	6489.33	6681.40	6248.21
西安	3187.00	4181.00	3771.50	3758.67
总计	4081.08	5338.88	4779.07	4792.90

图 4-75　部门平均薪资数据透视表效果

数据透视图

④ 右击透视图，选择"移动图表"命令，选择"新工作表"，输入"人均薪资情况图"，单击"确定"按钮；选择"图表布局"选项组中的布局 1 按钮，修改图表布局；将"图表标题"改为"各公司人均薪资情况图"，设置其格式为：华文行楷、28 号、加粗、深蓝色；其他字体格式：宋体、12 号；双击图表区，选择设置图表区格式命令，填充为"图片或纹理填充"，纹理选择"水滴"。单击绘图区，设置绘图区格式，选择渐变填充，预设渐变选择"浅色渐变–个性色 6"。双击网格线，设置主要网格线格式，选择"线条"，颜色选择"蓝色"。部门平均薪资数据透视图效果如图 4-76 所示。单击图中的各下拉列表，可得到不同的显示结果。

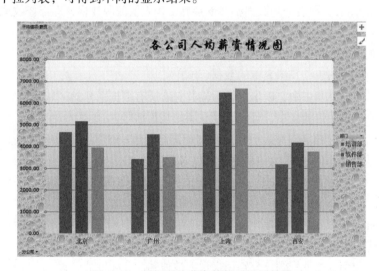

图 4-76　部门平均薪资数据透视图效果

任务小结

本任务在运用前面学到的 Excel 的数据快速填充和统计计算的基础上，运用 Excel 图表功能，更直观地表现了统计数据。

通过最常用的饼图、柱形图和折线图，体现各种图在实际运用中各自的优势。

● **相关知识与技能**

1．图表的概念

Excel 图表体现了数据的图形化。用图的形式表示数据，使数据更加清晰易懂、形象直观，使比较或趋势变得一目了然。

2．图表的种类

Excel 2016 中大约包含 15 种内部的图表类型，每种图表类型中又有很多子类型，还可以通过自定义图表形式满足用户的各种需求。在组件众多的图表类型中，每种图表类型所表示的形式都不同，只有根据数据的不同和使用要求的不同来选用适用的图表类型，才能将数据以更直观、更简洁地表述出来。

3．图表放置的位置

Excel 的图表位置是指绘制完成的图表在工作簿中显示的位置，它包含工作表图表和嵌入式两种位置形式，用户可根据需要随时改变图表的位置。

① 嵌入式图表：作为工作表的一部分进行保存，是一个图形对象，多用于和工作表数据一起显示或打印的情况。Excel 2016 组件默认的图表放置位置。

② 工作表图表：作为具有特定工作表名称的独立工作表来保存，多用于需要独立于工作表数据来查看或编辑大而复杂的图表情况。

不管生成哪种图表，图表中的数据都会链接到工作表上的源数据，即当修改原工作表中的数据时，同时也会更新相应的图表。

4．图表中的基本元素

① 图表区：整个图表以及图表中的数据。

② 绘图区：在二维图表中，以坐标轴为界并包含所有数据系列的区域。

③ 图表标题：说明性的文本，可以自动在图表区顶部居中。

④ 数据系列：具有相同图案、颜色的数据标志就代表一个数据系列，这些数据源来自数据表中的行和列。可以在图表中绘制一个或多个数据系列。

⑤ 图例：由不同颜色的框组成，用于标识图表中的数据系列，显示各个系列的图案、颜色以及名称。

⑥ 数值轴和分类轴：数值轴是垂直坐标轴显示的数据，分类轴是水平坐标轴显示的数据，Excel 会根据工作表中的数据来创建数值轴和分类轴上的相关数据。

⑦ 数值轴标题和分类轴标题：分别用来说明数值轴和分类轴的名称。

⑧ 坐标轴主要网格线：绘图区内的水平刻度线。

项 目 实 训

① 参照任务一，制作一个学生自己的通讯录。具体要求：表标题为"××班级学生通信录"，字段为学号、姓名、性别、出生年月、联系电话、籍贯等。输入第一条记录为学生本人，加批注。格式自定，以清晰、美观为标准。

② 参照任务二，对"练习 2.xls"进行编辑。具体要求：在表 Sheet1 中填充总分，每科及总

分的最高分、平均分，总评（总分高于平均分 20%时为"优"，高于平均分 10%时为"良"，其余为"其他"）；进行格式设置，以清晰、美观为标准。在表 Sheet2 中统计英语成绩各分数段人数及总人数。

③ 参照任务三，对"练习 3.xls"进行编辑。具体要求：计算实发工资（=基本工资+奖金-水电费-房租费），计算各项的平均值；按职称汇总实发工资；筛选出实发工资最高的 3 条记录；筛选出基本工资低于 6 000 的教授和讲师。

④ 根据任务二的统计，用折线图完成"英语成绩各段人数分布图"；用柱形图完成"各科平均分情况图"。

项目 **5**

PowerPoint 2016 演示文稿制作软件的应用

PowerPoint 2016 是 Microsoft office 2016 办公套装软件中的一个重要组件，专门用来设计、制作信息展示领域（如演讲、做报告、各种会议、产品演示、商业演示等）的各种电子演示文稿。

 学习目标

- 掌握利用 PowerPoint 2016 创建演示文稿的基本过程。
- 掌握演示文稿的基本编辑和操作技巧。
- 掌握演示文稿的动画效果。
- 理解超链接的概念，掌握演示文稿中超链接的应用。
- 掌握演示文稿的放映设置和发布操作。

任务 1　制作毕业答辩演示文稿

任务描述

李杨马上就要进行毕业答辩了，按照要求，在答辩时，首先自述 5 分钟，介绍自己论文的主要内容。为了将自己的论文内容更好地展示给答辩老师，李杨制作了毕业答辩演示文稿，如图 5-1 所示。

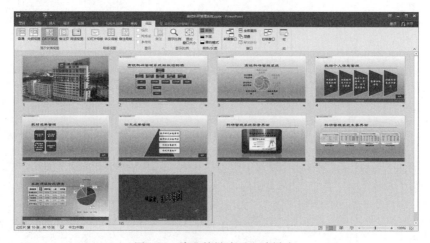

图 5-1　毕业答辩演示文稿样式

任务分析

要制作毕业答辩演示文稿，需要完成下列任务：

① 创建演示文稿。

② 编辑幻灯片。

③ 管理幻灯片。

④ 保存幻灯片。

任务实现

1．启动 PowerPoint 2016

① 单击"开始"按钮，选择"所有程序"|"Microsoft office 2016"|"Microsoft PowerPoint 2016"命令。

② 或者双击桌面上的 PowerPoint 2016 快捷方式图标。

③ 或者打开任一已经创建的 PowerPoint 2016 演示文稿。

系统都会自动创建一个空白演示文稿，文件名默认为"演示文稿1"。

2．新建演示文稿

① 选择"文件"|"新建"命令，将切换至"新建"页面，如图 5-2 所示。单击"空白演示文稿"，弹出"新建演示文稿"页面。

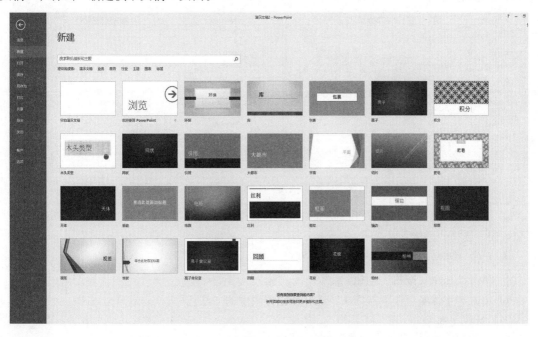

图 5-2　"新建演示文稿"任务窗格

◎说明

　　PowerPoint 2016 提供了一系列创建演示文稿的方法，包括创建一个空演示文稿、根据主题进行创建等。

② 选择默认标题版式。

第一张幻灯片的默认版式为标题版式，如果要使用不同的版式，选择"开始"选项卡中的"幻灯片"组中的"版式"命令，在出现的下拉列表中选择相应的版式。

③ 在幻灯片的"单击此处添加标题"处输入文本"高校科研管理系统"。

④ 在幻灯片的"单击此处添加副标题"处输入文本"——2017年度毕业答辩"。

3．编辑幻灯片

（1）格式化文本

将主标题"高校科研管理系统"设置为字体"黑体"，字体样式"加粗"，字体颜色为"蓝色"；副标题"——2017年度毕业答辩"设置为字体"黑体"，字号为32，字体样式"加粗"，字体颜色为"红色"。

操作步骤如下：

① 选定标题"高校科研管理系统"，右击并选择快捷菜单中的"字体"命令，打开"字体"对话框（或选择"开始"选项卡中的"字体"组右下角 按钮），弹出"字体"对话框，如图5-3所示。

② 设置字体为"黑体"，字体样式为"加粗"，颜色为"蓝色"，如图5-4所示，单击"确定"按钮。

图5-3 "字体"对话框　　　　　　图5-4 设置后的"字体"对话框

③ 选定副标题"——2017年度毕业答辩"，选择"开始"选项卡中的"字体"组中"字体"下拉列表，选择"黑体"。

④ 单击"字号"下拉列表，选择"32"。

⑤ 单击"加粗"按钮，加粗。

⑥ 单击"字体颜色"下拉箭头，选择颜色方块中的"红色"。

（2）对齐文本

标题"高校科研管理系统"，居中对齐；副标题"——2017年度毕业答辩"，右对齐。

操作步骤如下：

① 选定标题"高校科研管理系统"，选择"开始"选项卡中的"段落"组中"居中"按钮，使标题居中显示。

② 选定副标题"——2017年度毕业答辩",选择"开始"选项卡|"段落"选项组|"右对齐"按钮,使副标题右对齐。

字体格式化、对齐后的幻灯片如图 5-5 所示。

图 5-5　字体格式化、对齐后的幻灯片

（3）调整行距

标题"高校科研管理系统",双倍行距,段前 6 磅、段后 6 磅。

操作步骤如下:

① 选定标题"高校科研管理系统",选择"开始"选项卡中的"段落"组右下角 按钮,弹出"段落"对话框,如图 5-6 所示。

图 5-6　"段落"对话框

②在"行距"数值框中调整数值为"双倍行距",在"段前"数值框中调整数值为"6",在"段后"数值框中调整数值为"6",如图 5-7 所示,单击"确定"按钮。

图 5-7　设置后的"段落"对话框

（4）调整标题文本框大小

① 单击标题文本任一位置，标题周围出现选定状态的文本框，边框上有可以用来调整大小的尺寸柄。

② 将鼠标指针指向右边的尺寸柄，当鼠标指针变成左右箭头时，拖动鼠标，将文本框拉长，使标题一行显示出来。

将鼠标指针指向水平方向的尺寸柄，拖动鼠标，可以实现高低调整。

◎说明

　　将鼠标指针指向角上的尺寸柄，拖动鼠标，可以实现上、下、左、右成比例调整。

（5）移动标题位置

① 单击标题文本任一位置，标题文本框处于选定状态。

② 将鼠标指针指向文本框上的任一位置，当鼠标指针变成十字箭头时，拖动鼠标，移动标题到合适位置。

4．管理幻灯片

（1）插入新幻灯片

在第一张幻灯片的后面插入两张新的幻灯片，版式为"标题和内容"；在第三张幻灯片中根据素材输入文本。

操作步骤如下：

① 选择"开始"选项卡中的"幻灯片"组中的"新建幻灯片"按钮，插入第二张幻灯片。（如需插入其他版式的幻灯片，可单击"新建幻灯片"按钮右下角，在弹出的列表中选择）。

② 右击第二张幻灯片（或在第二张幻灯片的下面空白处），在快捷菜单中选择"新建幻灯片"命令，插入第三张幻灯片。

③ 根据素材在第三张幻灯片的标题占位符和文本占位符中输入相应内容。

（2）复制幻灯片

根据第三张幻灯片复制出其余幻灯片。

操作步骤如下：

① 选定第三张幻灯片，选择"开始"选项卡中的"剪贴板"组中的"复制"按钮，单击第三张幻灯片的下方，定位第四张幻灯片的位置，选择"开始"选项卡中的"剪贴板"组中的"粘贴"按钮，第三张幻灯片被复制成为第四张幻灯片。

② 根据以上方法，分别用第三张幻灯片复制出其余幻灯片。

◎说明

　　在制作演示文稿的过程中，如果用户当前创建的幻灯片与已存在的幻灯片风格基本一致，只是其中的部分文本不同而已，则采用复制幻灯片，再在其基础上做相应的修改会更方便。

　　使用鼠标拖动复制幻灯片：在幻灯片浏览视图方式下，选定需复制的幻灯片，按住【Ctrl】键不放，拖动鼠标至目的地，所选定的幻灯片也可以被复制。

　　使用复制幻灯片命令：在左侧大纲窗格幻灯片选项卡下，选择要复制的幻灯片并右击，在弹出的快捷菜单中选择"复制幻灯片"命令，将在选定幻灯片的后面复制出新的幻灯片。将新的幻灯片移动到目标位置，完成幻灯片的复制。

如果要移动幻灯片，只需将"复制"换成"剪切"即可。或者按住鼠标左键不放拖动鼠标，也可将幻灯片移动到目的地。

如果要删除幻灯片，选定要删除的幻灯片，按【Delete】或【Del】键；或者右击要删除的幻灯片，在弹出的快捷菜单中选择"删除幻灯片"命令。

5．插入可视化项目

向幻灯片中插入各种可视化项目，包括图片、表格、图表、SmartArt 图形、声音和视频等对象，可以大大增强幻灯片的视觉效果。

（1）插入 SmartArt 图形

在第二张幻灯片的标题占位符中输入"高校科研管理系统组织结构图"，在第二个占位符的位置上插入组织结构图。

操作步骤如下：

① 选定第二张幻灯片。单击标题占位符，输入"高校科研管理系统组织结构图"；

② 在"插入"选项卡上的"插图"组中，选择 SmartArt 选项，或者选择幻灯片中占位符内的 按钮，弹出图 5-8 所示的对话框。

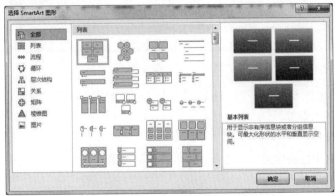

图 5-8　"选择 SmartArt 图形"对话框

③ 选择"层次结构"中的"组织结构图"布局，单击"确定"按钮，弹出图 5-9 所示的对话框。

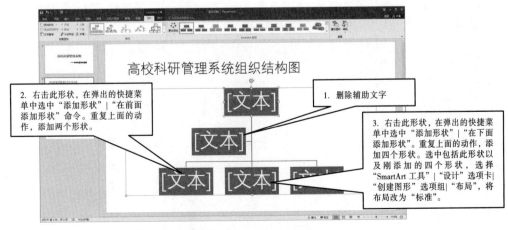

图 5-9　"在此处键入文字"对话框

④ 单击"组织结构图"，选择"SmartArt 工具"下的"设计"选项卡，如图 5-10 所示，选择"简单填充"样式，完成组织结构图的布局，并输入组织结构图中的内容，如图 5-11 所示。

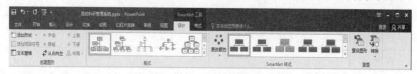

图 5-10　SmartArt 工具

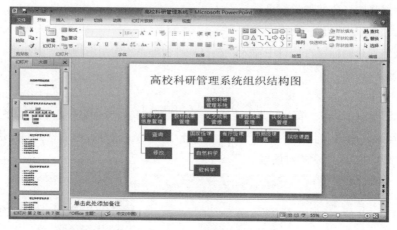

图 5-11　组织结构图

⑤ 单击 SmartArt 图形会出现"SmartArt 工具"下的"格式"和"设计"选项卡，在此可以完成 SmartArt 图形的各项设置。

（2）插入项目符号

在第三张幻灯片中修改项目符号为◆，根据样张修改第四、五、六张幻灯片内容，并修改相应项目符号。

在 PowerPoint 2016 中除标题幻灯片中输入的文本没有项目符号和编号，其他带有文本输入版式中的文本都有默认的项目符号和编号，当用户对其默认不满意时可以更改，具体步骤如下：

① 在第三张幻灯片中选定需要在其前面插入项目符号的文本行。

② 选择"开始"选项卡下"段落"组中的"项目符号"按钮或"编号"按钮，打开下拉列表框选择"项目符号和编号"，如图 5-12 所示。

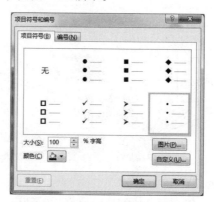

图 5-12　"项目符号和编号"对话框

③ 在"项目符号"图示列表中选择合适的项目符号"◆"，单击"确定"按钮。第三张幻灯片如图 5-13 所示。

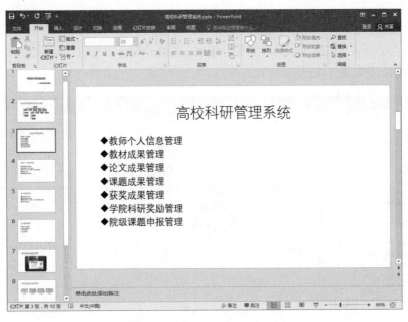

图 5-13　应用项目符号的幻灯片

④ 其他幻灯片中的内容及项目符号的修改方法同上。

◎说明

　　如果项目符号不合适，单击"自定义"按钮，弹出"符号"对话框，如图 5-14 所示。选择合适的符号，单击"确定"按钮。返回"项目符号与编号"对话框，在"颜色"下拉列表中选择合适的颜色，单击"确定"按钮。

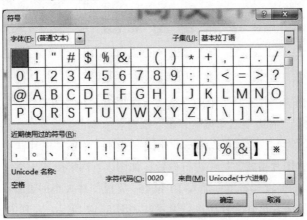

图 5-14　"符号"对话框

（3）插入图片

在第七张幻灯片中标题占位符中输入文本"科研管理系统登录界面"，插入样图所示图片。

图片样式为："映像圆角矩形"，图片效果为："发光–橙色 8pt 发光 个性色 2"，将图大小设置为高 10 厘米，宽 15 厘米。

步骤如下：

① 选定第七张幻灯片，单击"标题"占位符，输入"科研管理系统登录界面"。

② 选择在"插入"选项卡上的"图像"组中，选择"图片"按钮，或者选择幻灯片中占位符内的 ■ 按钮，弹出图 5-15 所示的对话框。

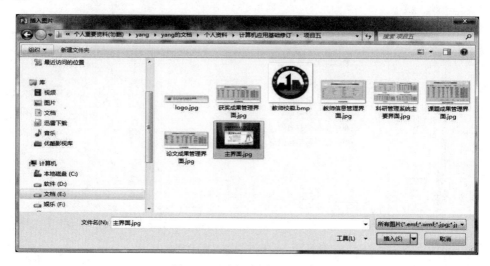

图 5-15 "插入图片"对话框

③ 在"查找范围"下拉列表中找到图片所在的文件夹，选定"主界面"图片，单击"插入"按钮。

④ 将图片插入到指定位置，同时出现"图片工具"下的"格式"选项卡，如图 5-16 所示。

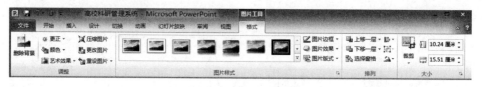

图 5-16 "图片"工具栏

⑤选中图片，选择"图片工具"下的"格式"选项卡，在"图片样式"组中选择"映像圆角矩形"；单击"图片效果"右边下三角按钮，在下拉列表中单击"发光"，然后在弹出的窗口中选择"橙色 8pt 发光 个性色 2"。也可以单击"格式"选项卡中的"图片样式"组中的 ■ 按钮，在幻灯片右边的"设置图片格式"栏中进行设置，如图 5-17 所示。

⑥ 在"大小"组的高度和宽度中输入 10 和 15，完成图片大小的设置。也可以单击 ■ 按钮，在幻灯片右边的"设置图片格式"栏中进行设置，如图 5-17 所示。在其中设置图片的边框颜色、大小、调整位置等。

⑦ 在第八张幻灯片中输入标题，并连续插入四张图片。然后选中四张图片，单击"图片版式"右边下三角按钮，弹出的窗口如图 5-18 所示。在窗口中选择"图片题注列表"，对四张图片进行自动排版。在每个图片下面输入相应的文字。

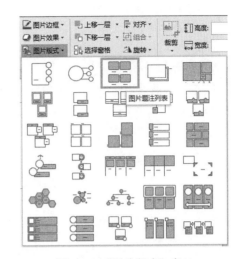

图 5-17　"设置图片格式"对话框　　　　　图 5-18　"图片版式"窗口

◎说明

图片可以是本机上的图片，也可以是与本机相连的远程计算机上的图片。

关于图片的移动和大小的调整方法同形状的移动和大小的调整方法是一样的。

插入形状的方法同插入图片类似。如选择"插入"选项卡中的"插图"组中的 "形状"按钮，在弹出的列表中选择所绘的形状。

（4）插入表格

在第九张幻灯片中输入标题文本"系统调试阶段调查"，并插入五行五列表格。

操作步骤如下：

① 选定第九张幻灯片，单击标题占位符，输入"系统调试阶段调查"；在"插入"选项卡下的"表格"组中，单击"表格"下拉箭头，在弹出的下拉列表中选择"插入表格"命令，或者选择幻灯片中占位符内的 按钮，弹出"插入表格"对话框。

② 在"列数"和"行数"数值框中设置列数为5，行数为5，单击"确定"按钮，表格插入幻灯片的相应位置。同时显示"表格工具"下"设计"和"布局"选项卡，如图5-19所示。

③ 根据样张内容输入表格内容。

④ 通过"设计"和"布局"选项卡完成对表格的各项设计，对表格调整适当的大小放于幻灯片的左边。操作与 Word 基本相同。

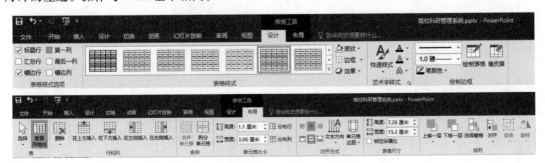

图 5-19　"表格工具"下"设计"选项卡

（5）插入图表

在第九张幻灯片中插入基于左边表格中数据的图表。

操作步骤如下：

① 单击"插入"选项卡，在"插图"组中选择"图表"按钮，弹出"插入图表"窗口，如图 5-20 所示。

图 5-20　插入图表窗口

②在窗口左侧选择"饼图"，单击"确定"按钮，弹出编辑饼图界面，如图 5-21 所示。

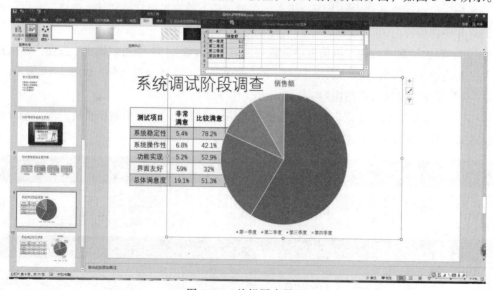

图 5-21　编辑图表界面

③ 适当调整图表的大小，放于表格右侧。

④ 根据表格中的数据，在上面的 Excel 模板表格中替换数据。即用表格中的总体满意度替换销售额，用非常满意替换第一季度，用 19.1%替换原模板表格中的第一季度数据。以此类推，依次替换全部数据，如图 5-22 所示。系统自动根据表格中的数据形成图表。

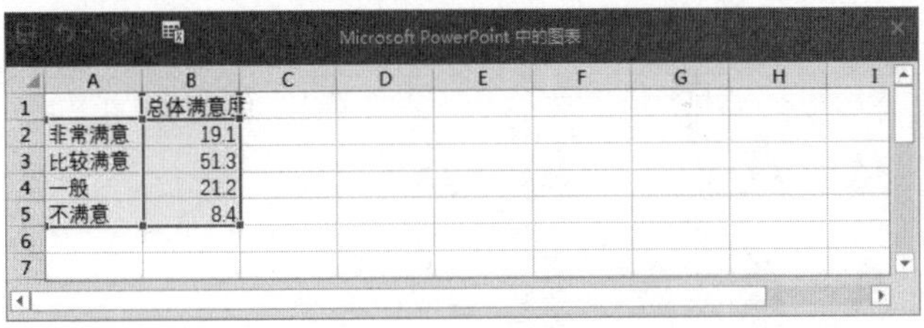

图 5-22　编辑图表数据源

⑤在"图表工具"的"设计"和"格式"选项卡中对图表进行图表样式设置，进行选择数据和编辑数据，如图 5-23 所示。

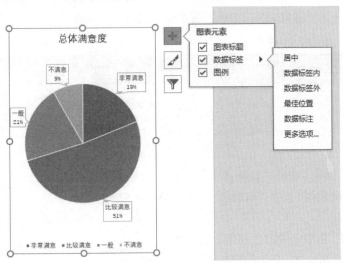

图 5-23　图表工具选项卡

⑥ 单击图表，在右边的 ▣，选中数据标签，单击其右边的下三角按钮，在弹出的列中选择"数据标注"，如图 5-24 所示。再适当调整图表的高度、宽度，完成图表插入操作。

（6）插入艺术字

在最后一张幻灯片中显示艺术字："感谢您，请多多指教！"，艺术字样式为："填充-蓝色，着色 1，轮廓-背景 1，清晰阴影-着色 1"，文本效果为左牛角形。

图 5-24　编辑图表

操作步骤如下：

① 单击"插入"选项卡|"文本"组|"艺术字"，如图 5-25 所示。

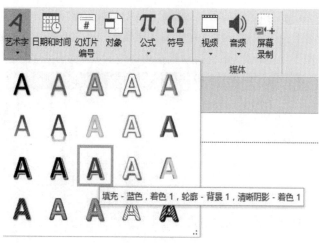

图 5-25　插入艺术字

② 选择艺术字样式为第三行第三列的"填充-蓝色，着色 1，轮廓-背景 1，清晰阴影-着色 1"。

③ 在出现的占位符中输入"感谢您，请多多指教！"。并设置字体为"华文隶书"，适当调整艺术字的大小。

④ 选择"绘图工具/格式"选项卡|"艺术字样式"组|"文本效果"，在弹出的下拉列表中选择"转换"，在弹出的列表中选择"左牛角形"。

（7）插入音频

在最后一张幻灯片中插入音乐，并使音乐在幻灯片载入时自动播放。

操作步骤如下：

① 单击"插入"选项卡|"媒体"组|"音频"下三角按钮，选择"PC 上的音频"，在弹出的"插入音频"窗口中选择素材文件夹中的"谢谢你，我的老师.mp3"，同时出现"音频工具"下的"播放"选项卡，如图 5-26 所示。

图 5-26　音频播放选项卡

② 在"播放"选项卡中的"音频选项"组中单击"开始"右侧的列表框，选择"自动"。选中"放映时隐藏"复选框。

③ 在"播放"选项卡中的"编辑"组中单击"剪裁音频"，弹出图 5-27 所示的窗口。

④ 在"剪裁音频"窗口中开始时间中调整为"00：07"。或拖动绿色竖条到 7 s 的位置，单击"确定"按钮。

图 5-27　剪裁音频窗口

6．保存演示文稿

将所制作的演示文稿保存到桌面上，文件名为"毕业答辩演讲稿.pptx"的文件。

操作步骤如下：

① 选择"文件"｜"保存"命令，弹出"另存为"对话框。

② 在打开的"另存为"对话框中输入演示文稿的文件名"毕业答辩演讲稿.pptx"，单击"保存"按钮。

相关知识与技能

1．演示文稿与幻灯片

（1）演示文稿

演示文稿是指由 PowerPoint 创建的扩展名为.pptx 文件，用来在介绍情况、阐述计划、实施方案、演讲、产品广告等时向大家展示的一系列材料。这些材料包括文字、表格、图形、图像、图表、视频、声音等，并按照幻灯片的方式组织起来，能够生动形象地表达出所要介绍的内容。一个演示文稿由若干张幻灯片组成。

（2）幻灯片

幻灯片是演示文稿中的一个页面。一份完整的演示文稿是由若干张幻灯片相互联系，并按一定的顺序排列组成的。

2．PowerPoint 2016 的窗口组成

PowerPoint 2016 是 Microsoft Office 2016 的一个组件，因此启动和退出 PowerPoint 2016 的方法与 Word 2016 和 Excel 2016 的启动、退出相同。启动 PowerPoint 2016 后，打开 PowerPoint 2016 的窗口，如图 5-28 所示。

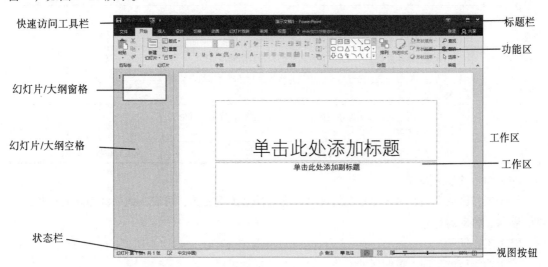

图 5-28 PowerPoint 2016 窗口

PowerPoint 2016 的窗口同 Word 2016 和 Excel 2016 的窗口基本相同，也是由标题栏、快速访问工具栏、功能区、工作区、状态栏等部分组成，但各部分的功能和项目却不同。

（1）标题栏

标题栏位于窗口顶端，主要有控制菜单按钮，当前演示文稿名称、程序名和"最小化"按钮、"最大化/还原"按钮、"关闭"按钮，用来显示当前演示文稿的标题。

（2）快速访问工具栏

快速访问工具栏位于标题栏左侧，在编辑演示文稿的过程中，可能会有一些常见或重复性的操作，可以使用快速访问工具栏。主要有🖫保存、🔄撤销、🔁恢复、📺放映，还可以单击右侧⊡根据需要自定义功能按钮。

（3）功能区

采用功能区和 PowerPoint 2010、PowerPoint 2013 类似。普通视图下，PowerPoint 功能区包含 9 个选项卡，在每个选项卡中集成了各种操作命令，而这些命令根据完成任务的不同分布在各个不同的组中，功能区中的每个按钮可以执行一个具体的操作，或是显示下一级菜单命令。另外，PowerPoint 2016 增加了"告诉我您想做什么？"，可直接在这里输入想要的功能，即可直接转到相应的功能进行操作或查询帮助。当选中某个对象如表格、图片等，在功能区会出现与之相关的选项卡，用来进行设计和布局操作。各选项卡及包括的主要功能如表 5-1 所示。

表 5-1 PowerPoint 选项卡功能

选 项 卡	主 要 功 能	对应演示文稿制作流程
开始	插入新幻灯片、将对象组合在一起以及设置幻灯片上的文本格式	准备素材、确定方案 开始制作演示文稿
插入	将表、形状、图表、页眉或页脚插入演示文稿	增加演示文稿的信息量 提升说服力
设计	自定义演示文稿的背景、主题设计和颜色或页面设置	装饰处理
切换	可对当前幻灯片应用、更改或删除切换效果	
动画	可对幻灯片上的对象应用、更改或删除动画	
幻灯片放映	开始幻灯片放映、自定义幻灯片放映的设置和隐藏单个幻灯片	预演与展示
视图	查看幻灯片母版、备注母版、幻灯片浏览，打开或关闭标尺、网格线和绘图指导	提升演示整体质量
审阅	检查拼写、更改演示文稿中的语言或比较当前演示文稿与其他演示文稿的差异	审核校对
文件	保存现有文件和打印演示文稿	完成制作打包发布

（4）幻灯片/大纲窗格

位于工作区的左面，用于显示各幻灯片的缩略图和大纲视图，可以在此处添加新幻灯片或复制、删除、移动幻灯片。

（5）工作区

位于功能区的下面，视图区的右边，是幻灯片的编辑区。

（6）状态栏

显示 PowerPoint 的状态信息。

（7）备注栏

用来写幻灯片的备注信息。

（8）视图按钮

在窗口右下角有 4 个视图切换按钮 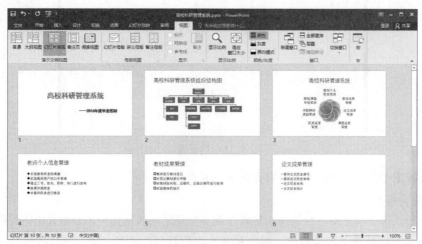，从左至右依次是"普通视图""幻灯片浏览视图""阅读视图"和"幻灯片放映视图"，用户也可以在"视图"选项卡的"演示文稿视图"组中选择相关方式以适用于不同场合的需要。

3. 视图模式

PowerPoint 2016 中一共有 5 种视图方式：分别是普通视图、大纲视图、幻灯片浏览视图、备注页视图、阅读视图。

（1）普通视图

这是一种最常用的视图方式，PowerPoint 启动后默认为普通视图方式。选择"演示文稿视图"组的"普通"按钮，在该视图下窗口被分成 3 个区域：幻灯片窗格、大纲窗格和备注窗格，拖动窗格的边框可以调整窗格的尺寸。

在幻灯片窗格中可以查看和编辑每张幻灯片中对象的布局效果，是制作幻灯片的主要场所。

在大纲窗格中显示每一张幻灯片的缩略图，选中某张缩略图时，可以在右边的幻灯片窗格中查看演示文稿以及任何设计更改的效果。可以在这里添加新幻灯片，复制、删除、移动幻灯片。

使用备注窗格，可以添加备注信息，但在幻灯片放映时不显示备注信息。

（2）大纲视图

大纲视图中，PowerPoint 将分级显示标题和正文，为用户提供了集中组织材料、编写大纲的环境。每个标题将显示在包含大纲选项卡以及幻灯片图标和幻灯片编号窗格的左侧。

（3）幻灯片浏览视图

在该视图中，按序号由小到大的顺序显示演示文稿中全部的幻灯片缩略图，如图 5-29 所示，以便对幻灯片进行复制、移动或删除等操作。

在幻灯片浏览视图中不能对幻灯片的内容直接进行编辑。

（4）备注页视图

备注页视图用于输入和编辑备注信息，也可以在普通视图中输入备注信息，如图 5-30 所示。如果在该视图下，无法看清备注信息，可在"视图"选项卡中选择"显示比例"命令，选择一个合适的显示比例。

图 5-29　幻灯片浏览视图

图 5-30　备注页视图

在备注视图中不能对幻灯片的内容直接进行编辑。

（5）阅读视图

在该视图中，演示文稿中的幻灯片内容可以以全屏的方式显示出来，如果用户设置了画面切换效果、动画效果等，在该视图方式下能全部显示出来，如图 5-31 所示。

图 5-31　阅读视图

在阅读视图中不能对幻灯片的内容直接进行编辑。

4．幻灯片版式

幻灯片版式用于确定幻灯片包含的对象以及各对象之间的位置关系。版式由占位符组成，不同的占位符中可以放置不同的对象。标题和文本占位符可以放置文字，内容占位符可以放置表格、图表、图片、图形、剪贴画等。PowerPoint 2016 提供了图 5-32 所示的内置幻灯片版式，每种版式都显示了需要添加文本或图形的各种占位符的位置，用户也可以创建满足自身需求的自定义版式。

使用幻灯片版式有如下几种情况：

① 在创建新幻灯片时，用户根据需要选择相应的幻灯片版式，如图 5-33 所示。

② 在演示文稿制作过程中，也可以更改幻灯片版式，具体操作步骤如下：

a. 选择需要修改幻灯片版式的幻灯片。

b. 选择"开始"选项卡|"幻灯片"组中的"版式"命令，在出现的下拉列表中选择相应的版式，如图 5-32 所示。

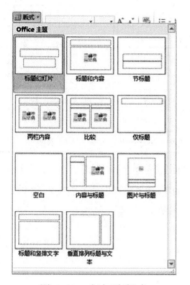

图 5-32　幻灯片版式

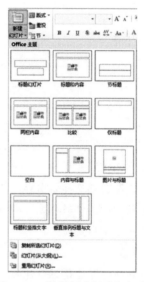

图 5-33　根据版式新建幻灯片

◎说明

占位符是指幻灯片中的一种边框，这种边框带有虚线或阴影线，在这些框内可以放置标题、文本、图片、图表、表格等。

5. 幻灯片的编辑

演示文稿是由一张张幻灯片组成，幻灯片是演示文稿的组成单位，设计演示文稿也可以说是设计每一张幻灯片，最后将这些幻灯片组织起来的过程。一般情况下当新建一张幻灯片时，都要对它进行编辑。幻灯片的编辑包括对幻灯片文字、段落、项目符号、编号、图片、表格等的编辑。

🌐 知识拓展

1. 保存演示文稿

创建好演示文稿后，可以将其保存起来，以便以后查找使用，避免因突发故障而造成的丢失错误，保存演示文稿的方法有以下三种。

① 单击"文件"选项卡中的"保存"按钮。

② 单击快速访问栏上的"保存"按钮。

③ 使用【Ctrl+S】组合键。

执行以上命令后，如果当前文档是第一次保存，将会打开"另存为"对话框，在"保存位置"中设置保存位置；在"文件名"中输入文件名称，在"保存类型"中选择要保存文件的类型，如表 5-2 所示。最后单击"保存"按钮即可。

表 5-2　PowerPoint 文件类型说明

保 存 类 型	说　　明
PowerPoint 97-2003 演示文稿（*.ppt）	文件可以与低版本的 PowerPoint 兼容
PowerPoint 97-2003 模板（*.pot）	保存为低版本 PowerPoint 模板
PowerPoint 97-2003 放映（*.pps）	在低版本 PowerPoint 打开文件自动放映
PowerPoint 模板（*.potx）	保存为自定义模板
PowerPoint 放映（*.ppsx）	打开文件自动放映
PDF（*.pdf）	将文件保存为 PDF 格式
MPEG-4 视频(*.mp4)	将文件保存为 MP4 格式的视频
JPEG 文件交换 格式(*.jpg)	将当前或所有幻灯片保存为 JPG 格式的图片
GIF 可交换的图形格式(.gif)	将当前或所有幻灯片保存为 GIF 格式的图片
PNG 可移植网络图形格式(*.png)	将当前或所有幻灯片保存为 PNG 格式的图片

如果当前文档已经保存过，当对其进行了编辑修改而需要重新保存时，执行以上命令后，将在原有的位置以原有的文件名保存。如果需要将修改前和修改后的演示文稿同时保留，则需要选择"文件"选项卡中的"另存为"命令，操作方法和文档第一次保存的方法一样，只是这种保存方法会再产生一个演示文稿。

2. 打开演示文稿

在 PowerPoint 已经运行时打开演示文稿有以下三种方法。

① 单击"文件"选项卡下的"打开"选项。

② 单击快速访问工具栏上的"打开"按钮。

③ 使用【Ctrl+O】组合键。

在 PowerPoint 未运行时要打开演示文稿，可以先找到要打开文件所在的位置，然后双击该文件即可。

3. 导出

出于安全、多媒体放映、适应低版本软件、讲课的需要，可以将一个演示文稿导出成其他文件格式，如 PDF 文件、视频、图片、讲义等，以便以不同的形式呈现文稿。

单击"文件"|"导出"命令，弹出"导出"界面，如图 5-34 所示。

（1）创建 PDF/XPS 文档

PDF（Portable Document Format 的简称，意为"便携式文档格式"），是由 Adobe 公司开发的文件格式，该格式与应用程序、操作系统、硬件无关。这一特点使它成为在 Internet 上进行电子文档发行和数字化信息传播的理想文档格式。越来越多的电子图书、产品说明、公司文告、网络资料、电子邮件在开始使用 PDF 格式文件。

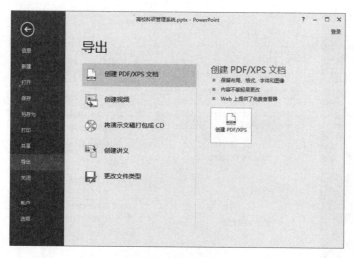

图 5-34　导出界面

XPS 是 XML Paper Specification（XML 文件规格书）的简称，是一种电子文件格式，它是微软公司开发的一种文档保存与查看的规范。Office 2010 以上版本提供 XPS 编辑功能，可用其打开 XPS 文件，另存为 Word 文件。

PowerPoint 2016 可以方便地将演示文稿导出成以上两种类型的文件。选中图 5-34 中的"创建 PDF/XPS 文档"，单击右边的"创建 PDF/XPS"按钮，在弹出的"发布为 PDF 或 XPS"对话框中选择保存的文件夹和文件类型，对文件进行命名后，单击"发布"按钮，完成创建工作。

在"发布为 PDF 或 XPS"对话框中选择"选项"，弹出"选项"对话框，如图 5-35 所示。在这里可以对发布的范围等进行进一步的设置。

（2）创建视频

PowerPoint 2016 可以轻松地将演示文稿导出成 MP4 或 WMV 格式的视频。视频可刻录至光盘或复制到其他磁盘上，通过网络进行传播，通过视频播放软件进行播放。

选择图 5-32 中的"创建视频"选项，在右边对演示文稿质量和计时、旁白等进行设置，再单击相应的按钮完成相关操作，如图 5-36 所示。

（3）将演示文稿打包成 CD

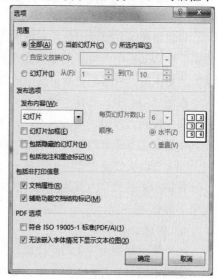

图 5-35　发布 PDF 或 XPS 选项

制作好的演示文稿复制到其他计算机上演示时，有时会发现有些字体不见了，或是一些特殊效果没有了，这是因为该计算机上没有完全安装 PowerPoint 或是版本较低所致。把一个演示文稿进行打包，此包中包括链接或嵌入的项目，如视频、声音和字体以及添加到包中的所有其他文件，可以解决 PowerPoint 兼容性问题，方便他人在大多数计算机上观看此演示文稿。

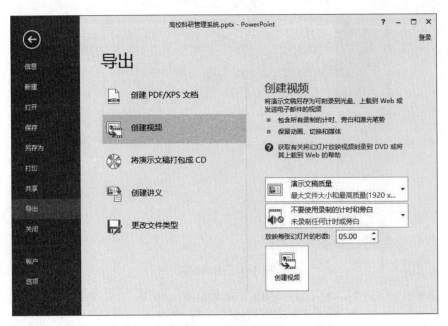

图 5-36　创建视频

在图 5-34 中选择"将演示文稿打包成 CD"选项，单击右侧的"打包成 CD"按钮，按相应的提示进行操作并进行必要的设置即可。

（4）创建讲义

可以将演示文稿的幻灯片和备注放到 Word 中，创建一个讲义。在 Word 中可对其内容和格式进行设置；同时当演示文稿发生更改时，可自动更新讲义中的幻灯片。

在图 5-34 中，选择"创建讲义"选项，在右侧单击"创建讲义"按钮。弹出"发送到 Word"窗口，如图 5-37 所示。在其中进行选择适合的版式，单击"确定"完成操作。

（5）更改文件类型

将演示文稿另存为其他格式，其操作与"另存为"相似，这里不再赘述。

4．管理幻灯片

图 5-37　"发送到 Microsoft Word"对话框

一个演示文稿由多张幻灯片组成，因此需要了解如何管理演示文稿中的幻灯片，下面主要介绍有关幻灯片的基本操作。

（1）幻灯片的选择

对幻灯片进行编辑、修改等所有操作前都必须进行选定，选定幻灯片有以下几种情况。

① 如果选定单张幻灯片，在左侧大纲窗格幻灯片选项卡下单击某张幻灯片。

② 如果选定多张连续的幻灯片，在左侧大纲窗格幻灯片选项卡下，先单击需要选定的第一张幻灯片，然后按住【Shift】键，单击需要选定的最后一张幻灯片。

③ 如果选定多张不连续的幻灯片，在左侧大纲窗格幻灯片选项卡下，先单击需要选定的第

一张幻灯片，然后按住【Ctrl】键，再分别单击需要选定的幻灯片。

在幻灯片浏览视图中也可以通过这样的方法选定幻灯片。

（2）幻灯片的插入

在制作演示文稿的过程中，可以随时插入新的幻灯片，方法如下：

① 打开需要添加幻灯片的演示文稿，在左侧大纲窗格幻灯片选项卡下选择幻灯片后右击，在弹出的快捷菜单中选择"新建幻灯片"命令，则新的幻灯片将插入该选定幻灯片之后。

② 选择"开始"选项卡下的"幻灯片"组，如果希望新幻灯片具有与对应幻灯片相同的布局，只需单击"新建幻灯片"或按【Ctrl+M】组合键即可；如果新的幻灯片需要不同的布局，则单击"幻灯片"组中"新建幻灯片"命令旁边的箭头 ，在弹出的下拉面板中选择所需的幻灯片版式即可。新的幻灯片也将插入到该选定幻灯片之后。

（3）幻灯片的复制

在制作演示文稿的过程中，如果用户当前创建的幻灯片与已存在的幻灯片风格基本一致，只是其中的部分文本不同而已，则采用复制幻灯片，再在其基础上做相应的修改会更方便。

① 使用快捷菜单复制幻灯片

- 在左侧大纲窗格或在浏览视图中，选择要复制的幻灯片。
- 右击，在弹出的快捷菜单中选择"复制幻灯片"命令，将在选定幻灯片的后面复制出新的幻灯片。
- 将新的幻灯片移动到目标位置，完成幻灯片的复制。

② 使用鼠标拖动复制幻灯片

- 在幻灯片浏览视图中，选择要复制的幻灯片。
- 按住【Ctrl】键的同时拖动鼠标，到达目标位置后释放鼠标。
- 完成幻灯片的复制。

（4）幻灯片的移动

在制作演示文稿的过程中，可以随时调整幻灯片的位置。

① 使用快捷菜单移动幻灯片命令

- 在左侧大纲窗格幻灯片选项卡下，选择要移动的幻灯片。
- 右击，在弹出的快捷菜单中选择"剪切"命令，在选定幻灯片的后面右击，在弹出的快捷菜单中选择粘贴。

② 使用鼠标拖动移动幻灯片

- 在幻灯片浏览视图中，选择要移动的幻灯片。
- 按住鼠标左键拖动，到达目标位置后释放鼠标。
- 完成幻灯片的复制。

（5）幻灯片的删除

在制作演示文稿中，幻灯片出现编辑错误或内容不合适时，则需要删除该幻灯片，方法如下：

① 在左侧大纲窗格幻灯片选项卡下，选择要删除的幻灯片，然后右击，在弹出的快捷菜单中选择"删除幻灯片"命令即可。

② 在左侧大纲窗格幻灯片选项卡下，选择要删除的幻灯片，按【Delete】键。

任务 2　美化毕业答辩幻灯片

任务描述

李杨已将幻灯片基本制作完毕了，但是，他浏览了一次发现：幻灯片不生动，不能吸引别人，又怎么能答辩好呢？于是，他想美化幻灯片。

任务分析

为了使幻灯片生动形象，需要做下列工作：

① 修饰幻灯片，包括文本转换为应用主题、使用母版、设置幻灯片背景、SmartArt 图形、添加动画和切换效果等内容。

② 对于幻灯片的放映方式进行设置。

③ 页面设置。

任务实现

1．应用主题

将演示文稿中的所有幻灯片的主题设置为"回顾"主题，调整颜色方案为"蓝色"，字体为"春分 华文楷体"，效果为"磨砂玻璃"，第一张幻灯片设成图片背景，最后一张幻灯片设置背景样式为"样式 7"，其余幻灯片自定义背景样式为"渐变填充"。

操作步骤如下：

① 打开"毕业答辩演讲稿.pptx"，选择"设计"|"主题"|"回顾"主题并右击，在弹出的快捷菜单中选择"应用于所有幻灯片"命令，如图 5-38 所示。

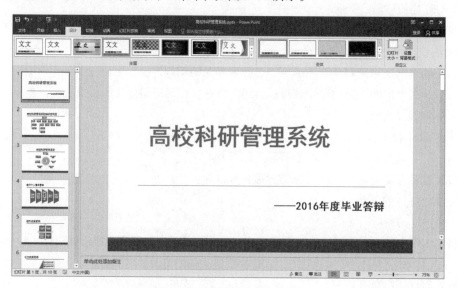

图 5-38　应用主题后的效果

② 选择"变体"组右侧的 ▼，弹出下拉列表，选中"颜色"，在弹出的"自定义"颜色列

表中选择"蓝色"方案，如图 5-39 所示。

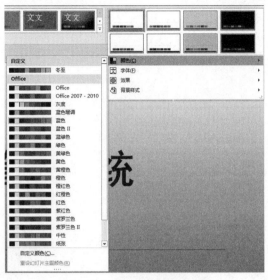

图 5-39　改变主题颜色方案

③ 在图 5-39 中选择"字体"，在弹出的列表中选中"春分 华文楷体"。

◎说明

可以自定义主题颜色和字体，命名后保存起来，然后在列表中出现自字义的颜色和字体，选择后生效。

④ 在图 5-39 中选择"效果"，在弹出的窗口中选中"磨砂玻璃"。

⑤ 在图 5-39 中选择"背景样式"，在弹出的列表中选中"设置背景格式"，弹出"设置背景格式"窗格，如图 5-40 所示。在"填充"栏目下，选中"渐变填充"，在下面的"预设渐变"、"类型""方向""角度""渐变光圈"等各项中进行适当的调整，并设置颜色为"白色"，对位置、透明度、亮度等进行适当设置。最后单击"全部应用"按钮，使演示文稿中的所有幻灯片的背景都是相同的背景。

⑥ 选中第一张幻灯片，在"设置背景格式"中选中"图片或纹理填充"，单击"插入图片来自"下面的 文件(F)... 按钮，在素材文件夹中选中"校园.jpg"后，单击将其打开。将透明度调成 2%。不要单击 全部应用(L) 按钮，只将第一张幻灯片的背景设置成图片。

⑦ 选定最后一张幻灯片，在图 5-39 中选择"背景样式"，在弹出的样式窗口（如图 5-41 所示）中选择"样式 7"。

2. 设置幻灯片母版

（1）为演示文稿设置幻灯片母版

在母版中插入学院 Logo，设置字体及页脚等，使整个演示文稿具有统一的风格。

操作步骤如下：

① 在"视图"选项卡|"母版视图"组中选中"幻灯片母版"，如图 5-42 所示。

图 5-40　改变主题颜色方案

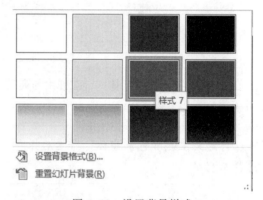

图 5-41　设置背景样式

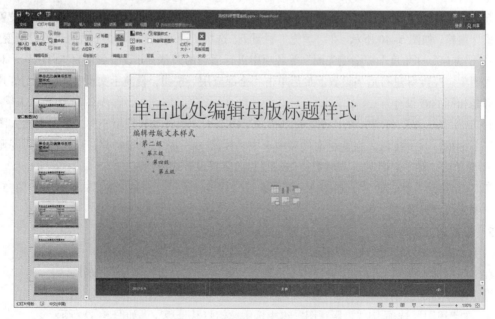

图 5-42　编辑幻灯片母版界面

② 删除"标题"版式和"标题和内容"版式以外的其他版式。

③ 选择"标题和内容"版式，单击"插入"选项卡，插入素材文件夹中的"Logo.jpg"图片。调整适当大小，放于幻灯片的左上角。

④ 选择"标题和内容"版式，在"插入"选项卡|"文本"组中单击"页眉和页脚"，出现图 5-43 所示的页面。

图 5-43　编辑幻灯片包含的内容

选中"日期和时间"复选框，单击"自动更新"按钮，选中"幻灯片编号""页脚""标题幻灯片中不显示"等复选框，在页脚的文本框输入"河北建材职业技术学院"。然后单击"全部应用"按钮回到编辑界面。

⑤ 选择"标题和内容"版式，选中标题占位符，在"开始"选项卡|"字体"选项组中设置字体为"隶书"，字号为 48 号。

⑥ 单击"幻灯片大小"，选择"宽屏 16：9"。

⑦ 单击"幻灯片母版"选项卡中的"关闭母版视图"。

◎说明

　　要使每张幻灯片在同一位置都出现某个对象，可以在母版中插入该对象，并调整好对象的大小和位置等格式。在幻灯片母版中插入的对象，只有在幻灯片母版中才能进行编辑。

　　"自动更新"单选按钮：显示的日期和时间随系统日期和时间的变化而改变；还可以打开下拉列表从中选择喜欢的日期和时间格式。

　　"固定"单选按钮：显示给定的日期和时间。

　　"幻灯片编号"复选框：给幻灯片加上序号。

　　"页脚"复选框：为每张幻灯片加上相同的页脚。

　　"标题幻灯片中不显示"复选框：表示在标题幻灯片中不显示幻灯片序号、日期、页脚等内容。

（2）修改讲义母版

① 选择"视图"选项卡|"母版视图"选项组中的"讲义母版"按钮，切换到讲义母版视图中。

② 在讲义母版中，修改页眉、页脚、日期、编号数字等。

③ 单击"讲义母版"选项卡中的"关闭母版视图"按钮，回到幻灯片普通视图。

（3）修改备注母版

① 选择"视图"选项卡|"母版视图"组中的"备注母版"按钮，切换到备注母版视图中。

② 在备注母版的页眉区、日期区、幻灯片区、备注文本区、页脚区、数字区进行设置。

③ 单击"备注母版"选项卡中的"关闭母版视图"按钮，回到幻灯片普通视图。

3．将文字转换为 SmartArt 图形

幻灯片中的文字显示在文本框中，显得不美观，如果每个文本框进行形状填充、形状轮廓、形状效果进行设置，效率很低。PowerPoint 2016 提供了一种非常实用的功能，将文本框中文字转换为 SmartArt 图形，利用 SmartArt 图形修饰文字，大大增强幻灯片的视觉效果。

将第三、四、五、六张幻灯片文本框中的文字转换为 SmartArt 图形。

操作步骤如下：

① 选定第三张幻灯片。选中文本框中的所有文字。

② 选择"开始"选项卡的"段落"组，单击 按钮，弹出"转换为 SmartArt 图形"界面，如图 5-44 所示。

③ 在图 5-44 中选择"基本维恩图"，转换后第三张幻灯片效果如图 5-45 所示。

④ 按上述步骤将第四张幻灯片中的方字转换为 SmartArt 图形中的"梯形列表"； 将第五张幻灯片中的方字转换为 SmartArt 图形中的"基本矩阵"； 将第六张幻灯片中的方字转换为 SmartArt 图形中的"棱锥形列表"。

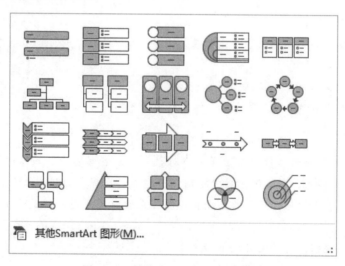

图 5-44 转换为 SmartArt 图形界面

⑤ 单击"SmartArt 工具"选项卡，可以对以上四张幻灯片中的 SmartArt 图形进行"更改颜色"或进行"SmartArt 样式"设置。

◎说明

图 5-11 所示的"组织结构图"也可以先按层次输入好文字，然后利用文字转换为 SmartArt 图形，完成组织结构图的制作。

图 5-45　第三幻灯片效果图

4．为幻灯片元素添加动画

（1）设置第一张幻灯片

将第一张幻灯片中的标题"高校科研管理系统"设置为"百叶窗"，单击鼠标时开始；副标题"——2017 年度毕业答辩"，设置为"圆形扩展"动画效果，在"上一动画之后，延迟 1 s 开始"。背景格式为"隐藏背景图形"。

操作步骤如下：

① 选择第一张幻灯片，选中标题"高校科研管理系统"。

② 选择"动画"选项卡，如图 5-46 所示。

图 5-46　动画选项卡

③ 因为在图 5-46 中没有直接显示"百叶窗"，所以单击"动画"选项组右侧的 ▾ ，弹出动画选择界面，如图 5-47 所示。

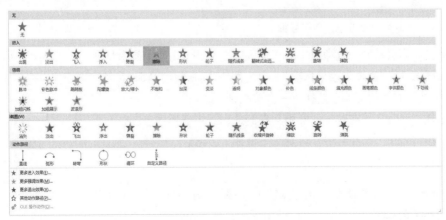

图 5-47　动画选择界面

④ 在图 5-47 中选择"更多进入效果"，弹出"更改进入效果"的界面，如图 5-48 所示。选择"百叶窗"。然后在图 5-46 的"计时"选项组中单击 `▶ 开始：单击时 ▾`。

⑤ 选中副标题，然后按步骤②③④的顺序，在图 5-48 中选择"圆形扩展"。在 `▶ 开始：上一动画之后 ▾` 中选择"上一动画之后"，在 `⏱ 持续时间：59.00 ▾` 设置持续时间为 1 s。

⑥ 单击图 5-46 最左侧的 🔘，对本页的动画效果进行预览。

⑦ 选择"设计"选项卡，单击最右侧的"设置背景格式"，弹出"设置背景格式"窗格，选中"隐藏背景图形"复选框。然后单击"关闭"按钮。

（2）设置第二张幻灯片

将第二张幻灯片中的标题设置进入动画效果为"擦除"，自左侧。将组织结构图设置成按层次自左下部依次飞入。

操作步骤如下：

① 在第二张幻灯片中选择标题，在图 5-46 中的"动画"选项组直接单击"擦除"。在"计时"选项组中选择的"开始："右侧选择"上一动画之后"。

② 在图 5-46 中单击"效果选项"，在弹出的图 5-49 所示的菜单中选择"自左侧"。

③ 选中第二张幻灯片的组织结构图对象。在图 5-46 的"动画"选项组中直接选择"飞入"或者单击"高级动画"选项组中的"添加动画"，在弹出的界面中选择"飞入。

图 5-48　更改进入效果界面

图 5-49　动画效果

④ 单击"高级动画"选项组中的"动画窗格"，弹出"动画窗格"，如图 5-50 所示。

⑤ 在图 5-50 中选择"效果选项"，出现图 5-51 所示的画面。在其中选择"SmartArt 动画"，在"组合图形"右侧的列表中选择"一次按级别"。

⑥ 选择"计时"，在其中"开始"右侧的列表中选择"单击时"

⑦ 选择"效果"，在其中"设置"下面的"方向"，选择"自左下部"。

◎说明

对动画效果选项的设置，也可以直接在图 5-46 中选择"效果选项"和"计时"，完成对步骤⑤⑥⑦的设置。

图 5-50　动画窗格

图 5-51　SmartArt 动画效果

（3）设置第三张幻灯片

设置第三张幻灯片的动画效果：标题，曲线向上；SmartArt 图形为"轮子"。

操作步骤如下：

① 选中第三张幻灯片的 SmartArt 图形。在图 5-46 的"动画"选项组中直接选择"轮子"或者单击"高级动画"选项组中的"添加动画"，在弹出的界面中选择"轮子"。

② 单击"效果选项"，如图 5-52 所示。在其中选择轮辐图案为"2 轮辐图案（2）"。选择序列为"逐个"。

◎说明

　　不同的动画，其"效果选项"也不一样。

③ 在"计时"选项组中进行设置。开始："上一动画之后"；持续时间："01:00"。

④ 在第三张幻灯片中选择标题，在图 5-46 中选择"高级动画"选项组中的"添加动画"。弹出图 5-53 所示的"添加动画"界面。

⑤ 在图 5-53 中选择"更多进入效果"，弹出"更改进入效果"的界面，如图 5-48 所示。选择"华丽"型下面的"曲线向上"。在"计时"选项组中选择"开始："右侧的"上一动画之后"。

⑥ 单击"效果选项"右下角的 📐，弹出图 5-51 所示的"效果选项"窗口，选择"效果"选项卡，在其中设置声音为"风铃"；动画播放后"不变暗"；动画文本"整批发送"。

⑦ 预览动画效果，发现 SmartArt 图形先于标题出现，需要调整动画顺序。

⑧ 打开"动画窗格"，在动画窗格里选中"标题 1 高校科研管理系统"，将其向上拖动到最上面。

◎说明

　　当"动画窗格"列表框中有多个对象时，可以使用"重新排序"上下按钮来调整动画效果的顺序。

（4）设置第四张幻灯片

设置第四张幻灯片的动画效果：标题，浮入，下浮；SmartArt 图形为"飞入"，自左侧，逐个，倒序。

图 5-52　轮子动画效果

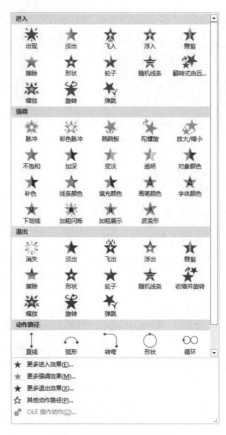

图 5-53　添加动画效果

操作步骤如下：

① 在第四张幻灯片中选择标题，在图 5-46 中的"动画"选项组直接单击"浮入"。在"计时"组中选择的"开始："右侧选择"上一动画之后"。

② 在图 5-46 中单击"效果选项"，选择"下浮"。

③ 选中 SmartArt 图形。在图 5-46 的"动画"选项组中直接选择"飞入"。

④ 单击"效果选项"，选择方向为"自左侧"，序列为"逐个"。

⑤ 在"计时"选项组中进行设置。开始："单击"。持续时间：1 s。

⑥ 单击"效果"选项右下角的 [图]，弹出图 5-51 的"效果选项"对话框，选择"SmartArt 动画"选项卡，选中"倒序"复选框。

（5）设置第五张幻灯片

设置第五张幻灯片的动画效果：标题，擦除，自左侧，持续时间为 2 s；SmartArt 图形为"弹跳"，然后移至屏幕中央。

操作步骤如下：

① 在第五张幻灯片中选择标题，在图 5-46 中的"动画"选项组直接单击"擦除"。在"计时"组中选择的"开始："右侧选择"上一动画之后"。

② 在图 5-46 中单击"效果选项"，选择"自左侧"。在计时选项组中将持续时间设置成 2 s。

③ 选中 SmartArt 图形，调整其宽度至原宽度的一半左右。在图 5-46 的"动画"组中直接选择"弹跳"。

④ 单击"效果选项"，选择序列为"作为一个对象"。

⑤ 继续选中 SmartArt 图形。选中"高级动画"选项组中的"添加动画"。在出现的图 5-53 所示的界面中选择"动作路径"为"直线"。

⑥ 在"效果选项"下拉列表中选择方向为"右"，适当调整路径长度。

（6）设置第六张幻灯片

设置第六张幻灯片的动画效果。标题：缩放，自对象中心；SmartArt 图形："翻转由远及近"。

操作步骤如下：

① 在第六张幻灯片中选择标题，在图 5-46 中的"动画"选项组直接单击"缩放"。在"计时"选项组中选择的"开始："右侧选择"上一动画之后"。

② 在图 5-46 中单击"效果选项"，选择"对象中心"。

③ 选中 SmartArt 图形。在图 5-46 的"动画"选项组中直接选择"翻转式由远及近"。

④ 单击"效果选项"，选择序列为"作为一个对象"。

（7）设置第七张幻灯片

设置第七张幻灯片的动画效果。标题：出现；图片："向内溶解"。

操作步骤如下：

① 在第七张幻灯片中选择标题，在图 5-46 中的"动画"选项组中直接单击"出现"。在"计时"选项组中选择的"开始："右侧选择"上一动画之后"。

② 选中图片，单击"添加动画"，在弹出的界面中选择"更多进入动画"，在其中选择"向内溶解"。

（8）设置第八张幻灯片

设置第八张幻灯片的动画效果：标题，擦除，自左侧，持续时间为 2 s；SmartArt 图形为"飞入"，自底部，逐个。

操作步骤如下：

① 在第八张幻灯片中选择标题，在图 5-46 中的"动画"选项组直接单击"擦除"。在"计时"选项组中选择的"开始："右侧选择"上一动画之后"。

② 在图 5-46 中单击"效果选项"，选择"自左侧"。在计时选项组中将持续时间设置成 2 s。

③ 选中 SmartArt 图形，在图 5-46 的"动画"组中直接选择"飞入"。

④ 单击"效果选项"，选择方向为"自底部"，序列为"逐个"。

（9）设置第九张幻灯片

设置第九张幻灯片的动画效果：标题，擦除，自左侧，持续时间为 2 s；表格样式设置成"中度样式 4-强调 1"，动画设置：随机线条，垂直；图表动画：轮子，作为一个对象，轮辐图案（1）。

操作步骤如下：

① 在第八张幻灯片中单击标题占位符，单击图 5-46 中"高级动画"选项组中的"动画刷"。

② 第九张幻灯片中单击标题占位符，完成标题动画设置。

③ 单击表格，选择"表格工具设计"选项卡，在"表格样式"选项组中选择"中度样式 4-强调 1"。

④ 单击表格，选择"动画"选项卡，在"动画"组中选择"随机线条"，在"效果选项"中选择"垂直"。

⑤ 选中图表，在"动画"选项组中选择"轮子"，在"效果选项"中选择"作为一个对象"，即"轮辐图案（1）"。

（10）设置第十张幻灯片

设置第十张幻灯片的背景格式："隐藏背景图形"，音乐自动响起。

操作步骤如下：

① 选中第十张幻灯片，选择"设计"选项卡，单击最右侧的"设置背景格式"，弹出"设置背景格式"窗格，选中"隐藏背景图形"复选框。然后单击"关闭"按钮。

② 选择"音频"对象，"音频工具"选项卡如图 5-54 所示。

图 5-54　音频工具选项卡

③ 在"音频选项"选项组"开始"右边的下拉列表框中选择"自动"。选中"放映时隐藏"复选框。

5．设置幻灯片的切换动画效果

第一张幻灯片不设置切换效果，第五张幻灯片的切换效果设置为"擦除"，其余幻灯片的切换效果设置为"随机"，换片方式为"单击鼠标时"。

操作步骤如下：

① 任选一张幻灯片，单击"切换"选项卡，打开"切换选项卡"窗口，如图 5-55 所示。

图 5-55　切换选项卡

② 单击"切换到此幻灯片"选项组中右侧的，弹出幻灯片切换界面，如图 5-56 所示。

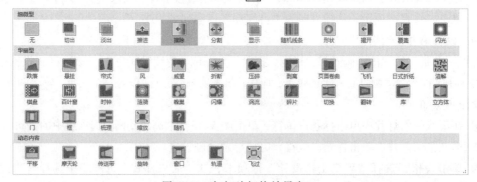

图 5-56　幻灯片切换效果窗口

③ 在图 5-55 中选择"华丽型"的"随机"。

④ 在"换片方式"中，选择"单击鼠标时"复选框，单击"全部应用"按钮。

⑤ 选择第一张幻灯片，选择"切换到此幻灯片"选项组中的"无"按钮。

⑥ 选择第五张幻灯片，选择"切换到此幻灯片"选项组中的"擦除"按钮。在"换片方式"中，选中"单击鼠标时"复选框。

◎说明

单击"计时"组中的"全部应用"，则在演示文稿中所有的幻灯片上进行计时；单击"计时"组中的"声音"下拉列表，可以选择切换时的声音效果；单击"预览"组中的"预览"按钮，可以预览所设效果。

6. 创建交互式放映

对第三张幻灯片中的教师个人信息管理、教材成果管理和论文成果管理分别创造超链接，在放映过程中，单击该文字分别链接到第四、五、六张幻灯片，在第四、五、六张幻灯片中分别创建"返回"的动作按钮，在幻灯片放映过程中，单击"返回"按钮，返回到第三张幻灯片。操作步骤如下：

（1）创建动作按钮超链接

① 选定第四张幻灯片，选择"插入"选项卡中的"插图"组中的"形状"，出现图 5-57 所示的下拉列表，在最下面的"动作按钮"形状中选择"自定义"动作按钮。

② 将鼠标移到第四张幻灯片的右下角，鼠标指针变成十字形状，按住鼠标左键画出一个长方形后，弹出"动作设置"对话框，如图 5-58 所示。

图 5-57　"形状"下拉列表

图 5-58　"动作设置"对话框

③ 选择"单击鼠标"选项卡。

④ 在"超链接到"下拉列表框中选择"幻灯片"，弹出"超链接到幻灯片"对话框，如图 5-59 所示。选择幻灯片标题"3.高校科研管理系统"，单击"确定"按钮，再在图 5-58 所示对话框中单击"确定"按钮。

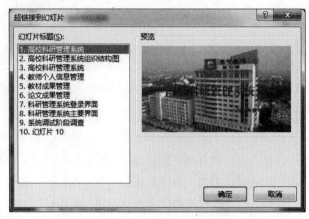

图 5-59 "超链接到幻灯片"对话框

⑤ 右击第四张幻灯片中的"自定义"按钮，在快捷菜单中选择"编辑文字"命令，输入文字"返回"。

⑥ 可在第五、六张幻灯片中用同样的方法添加"返回"动作按钮。因动作按钮的动作相同，也可以用复制的方法将第四张幻灯片中的"返回"动作按钮复制到第五、六幻灯片中。

（2）利用超链接命令创建超链接

① 在第三张幻灯片中选定文本"教师信息管理"。

② 选择"插入"选项卡下"链接"选项组中"动作"按钮，打开图 5-57 所示的"动作设置"对话框，方法同上，这里不再累述。

③ 选择"插入"选项卡下"链接"选项组中的"超链接"选项；或者在选定对象上右击，在弹出的快捷菜单中选择"超链接"命令，均会打开图 5-60 所示的对话框。

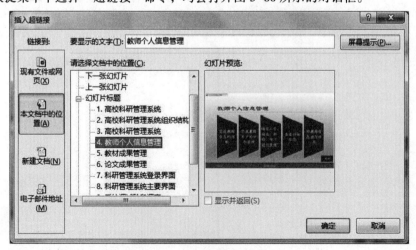

图 5-60 "插入超链接"对话框

选择"链接到"的位置为"本文档中的位置"，在"请选择文档中的位置"中，选择"4. 教师个人信息管理"，单击"确定"按钮。

④ 对第三张幻灯片中的教材成果管理和论文成果管理进行超链接操作的步骤同上。

◎说明

如果为文本设置超链接，文本下面出现下画线。放映幻灯片时，当鼠标指针经过这些文字时，鼠标指针变成小手形状，说明此对象上建立了超链接。

如果要删除超链接，选中建立超链接的文本后，选择"插入"选项卡下"链接"组中的"超链接"按钮，弹出"编辑超链接"对话框，单击"删除超链接"按钮；或者右击超链接对象，在弹出的快捷菜单中选择"取消超链接"命令。

相关知识与技能

1. 母版

母版就像现实生活中的模型一样，保存了幻灯片的背景图案、文本格式等格式方案，母版外观的改变将会影响到演示文稿中每张幻灯片的外观，并且以后再插入的幻灯片在格式上都与母版相同，因此母版常用于统一演示文稿中每张幻灯片的格式，可以通过设计母版来改变所有幻灯片的外观。PowerPoint 2016 提供的母版有幻灯片母版、讲义母版和备注母版。

（1）幻灯片母版

幻灯片母版包含字形、占位符大小和位置、背景设计等信息，目的是方便用户进行全局更改，并快速应用到演示文稿中的所有幻灯片。

（2）讲义母版

讲义母版用来设置讲义的打印格式，添加或修改幻灯片的讲义视图中每页讲义上出现的页眉或页脚信息，应用讲义母版用户可以将多张幻灯片设置在一页打印。讲义是发给观众的资料，所以其中的内容并不出现在幻灯片中。

（3）备注母版

备注母版是用来对幻灯片添加备注或对备注进行格式设置。

2. 主题

主题是指演示文稿的设计风格、包括色彩搭配、设计元素等。通过主题的使用，可以快速统一演示文稿内所有幻灯片的设计风格。PowerPoint 2016 内置了大量主题，在编辑、美化演示文稿时可直接使用。

很多时候，在制作演示文稿之前应根据文稿内容选择主题样式，不同的主题可以使用的样式也有所不同。若地制作幻灯片后再选择主题，主题中所包含的幻灯片版式也会随之发生变化，这时可以根据实际需要，在"变体"功能组中更改应用选择主题的颜色、字体、效果和背景样式等。

3. 动画

PowerPoint 2016 中的动画包括幻灯片页面元素动作和幻灯片之间的切换动作。灵活地组合各种动画甚至能达到 Flash 动画的效果，可以使演示文稿瞬间生动起来，从而使讲解内容更富有感染力。

在 PowerPoint 2016 中，幻灯片页面元素动画包括"进入""强调""退出"等动画效果。文本、图片、形状、图表等元素均可以添加动画效果。元素动画除了"进入""强调""退出"三种主要的动画效果外，还有路径动画，通过路径动画可以更为灵活地在演示文稿中实现更多复杂的动画效果。

设置好幻灯片内元素动画之后，还可以为这张幻灯片添加切换效果，实现前后两张幻灯片之间的和谐过渡，避免突兀，且能吸引观看者注意文稿内容的变化。可以手动为每一张幻灯片逐个设置切换效果及效果选项，也可以直接进行全部应用，一键设置演示文稿内所有幻灯片的切换效果。

4．演示文稿的放映

打开演示文稿后，启动幻灯片放映常用的有以下 3 种方法：

① 选择视图切换按钮中的"幻灯片放映"命令。

② 单击"幻灯片放映"选项卡下"开始放映幻灯片"选项组中的"从头开始"或"从当前幻灯片开始"按钮，如图 5-61 所示。

图 5-61　幻灯片放映选项卡

③ 按【F5】键从第一张开始放映，按【Shift+F5】组合键从当前幻灯片开始放映。

5．设置放映方式

幻灯片放映时可以根据使用者的不同，通过设置不同的放映方式满足各自的需要。单击"幻灯片放映"选项卡下"设置"选项组中的"设置幻灯片放映"按钮，即可打开"设置放映方式"对话框，如图 5-62 所示。

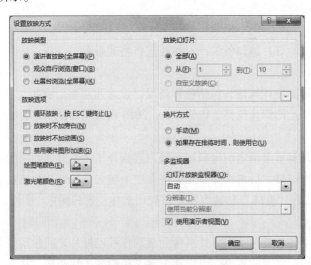

图 5-62　"设置放映方式"对话框

在对话框的"放映类型"选项组中，有三种放映方式，分别是：演讲者放映方式、观众自行浏览方式、在展台浏览方式。

①　"演讲者放映（全屏幕）"方式：以全屏幕形式显示，可以通过快捷菜单或【PageDown】键、【PageUp】键显示不同的幻灯片；提供了绘图笔进行勾画。

②　"观众自行浏览（窗口）"方式：以窗口形式显示，可以利用状态栏上的"上一张"或"下一张"按钮进行浏览，或单击"菜单"按钮，在打开的菜单中浏览所需幻灯片；还可以利用该菜单中的"复制幻灯片"命令将当前幻灯片复制到 Windows 的剪贴板上。

③　"在展台浏览（全屏幕）"方式：以全屏形式在展台上做演示，在放映过程中，除了保留鼠标指针用于选择屏幕对象外，其余功能全部失效（连终止也要按【Esc】键），因为此时不需要现场修改，也不需要提供额外功能，以免破坏画面。

在对话框的"放映选项"选项组中，提供了四种放映选项：

①　循环放映，按 ESC 键终止：在放映过程中，当最后一张幻灯片放映结束后，会自动跳转到第一张幻灯片继续放映，按【Esc】键终止放映。

②　放映时不加旁白：在放映幻灯片的过程中不播放任何旁白。

③　放映时不加动画：在放映幻灯片的过程中，先前设定的动画效果将不起作用。

④　禁用硬件图形加速：在放映时，不使用硬件图形加速功能。

6．幻灯片的隐藏

用户可以根据需要在放映时，将不需要的放映的幻灯片隐藏，而不必将这些幻灯片删除，操作步骤如下：

①　选择需要隐藏的幻灯片。

②　选择"幻灯片放映"选项卡下的"隐藏幻灯片选项"，如图 5-63 所示。

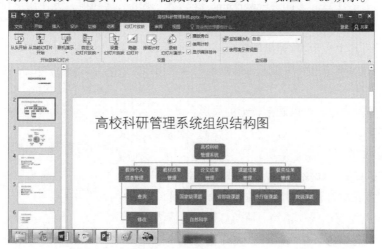

图 5-63　隐藏幻灯片

隐藏了的幻灯片仍然保留在演示文稿文件中，在幻灯片浏览视图中同样可以使用以上方法实现。

知识拓展

1．设置放映时间

除了通过"切换"选项卡|"计时"选项组|"设置自动换片时间"复选框右侧的微调框设置幻

灯片的放映时间外，还可以通过"幻灯片放映"选项卡下"设置"选项组中的"排练计时"按钮来设置幻灯片的放映时间，操作步骤如下：

① 在演示文稿中选定要设置放映时间的幻灯片。

② 单击"幻灯片放映"选项卡|"设置"选项组中的"排练计时"按钮，系统自动切换到幻灯片放映视图，同时打开"录制"工具栏，如图 5-64 所示。

③ 此时，用户按照自己总体的放映规划和需求，依次放映演示文稿中的幻灯片，在放映过程中，"录制"工具栏对每一个幻灯片的放映时间和总放映时间进行自动计时。

④ 当放映结束后，弹出预演时间的提示框，并提示是否保留幻灯片的排练时间，如图 5-65 所示，单击"是"按钮。

⑤ 此时自动切换到浏览窗格视图，并在每个幻灯片图标的左下角给出幻灯片的放映时间。

图 5-64 "录制"工具栏

图 5-65 提示是否保留排练时间提示框

至此，演示文稿的放映时间设置完成，以后再放映该演示文稿时，将按照这次的设置，自动放映。

2. 使用画笔

在演示文稿放映与讲解的过程中，对于文稿中的一些重点内容，有时需要勾画一下，以突出重点，引起观看着的注意。为此，PowerPoint 提供了"画笔"的功能，方便用户在放映过程中随意在屏幕上勾画、标注重点内容。

在放映的幻灯片上右击，在弹出的快捷菜单上选择"指针选项"命令，弹出图 5-66 所示的级联菜单，其常用命令如下：

① 选择"笔"命令，可以画出较细的线形。

② 选择"荧光笔"命令，可以为文字涂上荧光底色，加强和突出该段文字。

③ 选择"橡皮擦"命令，可以将画线擦除掉。

④ 选择"擦除幻灯片上的所有墨迹"命令，可以清除当前幻灯片上的所有画线墨迹等，使幻灯片恢复清洁。

⑤ 选择"墨迹颜色"命令，可以为画笔设置一种新的颜色。

图 5-66 "画笔"功能

3. 录制幻灯片演示

对于幻灯片的演示，很多情况下需要将整个演示过程以视频的形式展示给客户，PowerPoint 2016 提供了录制视频的方法。

① 在图 5-60 中单击"录制幻灯片演示"右下角的下拉按钮，弹出菜单如图 5-67 所示。

② 在弹出的菜单中选择"从头开始录制…"，这时会打开"录制幻灯片演示"对话框，如

图 5-68 所示。可以根据需要来选择复选框，然后单击"开始录制"按钮。

图 5-67　幻灯片录制

③ 这时候进入录制状态，左上角会有"录制"工具栏，如图 5-69 所示。

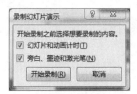

图 5-68　"录制幻灯片演示"对话框　　　　　　图 5-69　录制工具栏

④ 可以根据需要来使用该工具栏。录制完成后，幻灯片右下角有一个声音图标，声音为录制的旁白，如图 5-70 所示。

图 5-70　录制完成后的声音图标

⑤ 可以将其创建为视频格式。单击"文件"|"另存为"命令，如图 5-71 所示。选择存储位置，这里可以选择"浏览"，会打开"另存为"对话框，文件类型选择视频格式，如 MP4 格式。最后单击"保存"来生成视频。

图 5-71　录制完成后创建视频

4．使用取色器快速取得颜色

在演示文稿美化过程中，如需设置字体颜色、填充颜色或背景颜色等时，可以使用自定义颜色的调色板来设置颜色。然而，我们在用调色板来设置颜色时，颜色是很不容易调整好的。这时可以使用取色器，如图 5-72 所示，在屏幕中单击来快速取得想设置的颜色。

5．使用动画刷快速设置动画效果

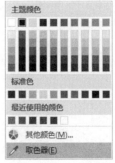

在设置幻灯片元素的自定义动画时，一些元素的动画效果是一样的，可以采用动画刷的方式来快速地将某个幻灯片元素的动画效果设置成与当前元素的动画效果。操作方法如下：

① 选定已经设置好动画效果的幻灯片元素，如文字、图片等。

② 在"动画"选项卡"高级动画"组中单击"动画刷"。

③ 单击要设置动画的幻灯片元素。

图 5-72　取色器

项 目 实 训

对所在地的移动公司进行调研，为某手机制作广告片。

● 要求广告片图文并茂、生动形象，让人一看就能记住某手机。

● 首先找到某手机的照片，了解所宣传手机的特点，制作演示文稿。

项目 6 Internet 基础

互联网即广域网、城域网、局域网及计算机按照一定的通信协议组成的国际计算机网络。计算机网络萌芽于 20 世纪 60 年代，70 年代兴起，80 年代继续发展和逐渐完善，而 20 世纪 90 年代以来则迎来了世界信息化、网络化的高潮。通过网络，人们可以与远在千里之外的朋友相互发送邮件，共同完成一项工作，共同娱乐；可以进行交流和获取信息。计算机网络在当今信息时代对信息的收集、传输、存储和处理起着非常重要的作用。其应用领域已渗透到社会的各个方面。对学生来说，利用网络搜索和下载一些学习资料，拓展学习领域变得非常便捷。因此，计算机网络对整个信息社会有着极其深刻的影响，已引起人们的高度重视和极大兴趣。

学习目标

- 掌握 Microsoft Edge 浏览器的使用方法。
- 掌握利用搜索引擎搜索网络资源。
- 掌握上传和下载的方法。
- 掌握电子邮箱的注册方法。
- 掌握收发电子邮件的操作方法。

任务 1　资 料 搜 索

任务描述

小明就要高中毕业了，在老师的指导下想参加今年的单独招生考试，但对今年的单独招生政策及单独招生的院校并不了解，于是小明开始上网浏览查找自己所需要的资料。

任务分析

为了完成资料的搜集，需要完成以下工作：

① 启动浏览器。

② 浏览网页。

③ 通过 Internet 搜索资料。

任务实现

1．启动 Microsoft Edge 浏览器

在 Windows 10 中附带的浏览器是 Microsoft Edge。在确认连接到 Internet 后，可以采用下列方法之一启动 Microsoft Edge 浏览器。启动后的 Microsoft Edge 浏览器如图 6-1 所示。

① 如果桌面上有 Microsoft Edge 图标，双击打开浏览器。

② 单击任务栏上的 Microsoft Edge 图标。

③ 单击"开始"|"Microsoft Edge"命令。

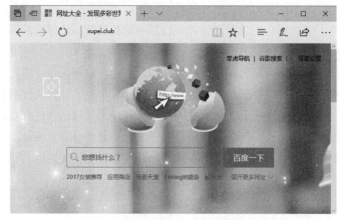

图 6-1　Microsoft Edge 窗口

2．浏览网页

（1）用地址直接访问

① 在 Microsoft Edge 浏览器窗口中，单击"地址栏"，选定地址栏中的网址字符。

② 按【Backspace】键，删除地址栏中原来的网址字符。

③ 输入新的网址，例如"http://www.sina.com.cn"，按【Enter】键，就可以打开相应网站，如图 6-2 所示。

图 6-2　输入地址打开网站

◎注意

在输入网址时，可以省略"http://"，直接输入后面的部分。

（2）快速进入网站

① 在 Microsoft Edge 浏览器的地址栏中输入网址，例如"http://www.hbjcxy.com"。

② 在输入的过程中，地址栏会自动显示出部分网址，这些显示出来的网址都是以前浏览过的，并且与现在正在输入的网址相匹配，如图 6-3 所示。

③ 单击选定相应的网址，按【Enter】键就能打开网页了。

图 6-3　网址自动显示

（3）使用超链接

① 将鼠标指针指向导航栏中的"招生就业"｜"招生信息网"，当鼠标指针变成手指形状时，单击超链接，Microsoft Edge 就可以打开新的一页，查看招生网的内容，如图 6-4 所示。

图 6-4　使用超链接

② 观察地址栏发生的变化，这说明已经跳到了另一页。

（4）使用工具栏按钮

① 单击 Microsoft Edge 浏览器"常用"工具栏（见图 6-5）中的不同标签，可以返回打开过的各网页。

图 6-5　Microsoft Edge 浏览器的工具栏

② 单击"显示标签页预览"工具按钮⊡，可以把打开过的网页以预览方式显示。

③ 单击"添加到收藏夹或阅读列表"工具按钮⭐，可以将当前网页放到收藏夹中，当想看收藏夹中的网页时，只需单击"中心"按钮☰，单击相应网页名称即可。

④ 单击"刷新"工具按钮⟳，重新下载当前页内容。

⑤ 单击"更多操作"工具按钮⋯，打开下拉菜单进行相应设置，如单击"使用 IE 打开"命令，可以将浏览器切换为 IE 模式。

（5）快速访问 Web 站点

浏览网页过程中，如果遇到喜欢的 Web 站点或者需要经常访问的 Web 站点，可以保存这些网址，以便以后能够快速访问这些站点。

Microsoft Edge 浏览器提供了 3 种站点快速访问方式：将 Web 页设置为主页、使用收藏夹和使用历史记录，通过它们可以保存曾经访问过的 Web 站点地址，并为快速找到自己要访问的站点提供方便。

① 将 Web 页设置为主页：

a. 单击右上角"更多操作"工具按钮⋯，打开下拉菜单。

b. 单击菜单栏中"设置"命令，看到"特定页"一栏，显示当前为 MSN 主页，如图 6-6 所示；单击"MSN 主页"选定"自定义"，如图 6-7 所示，单击删除按钮⊠，删除原来的主页网址，在"输入网址"栏输入要设置主页的网址，按【Enter】键即可。

c. 当设置好以后，我们关闭当前的 Microsoft Edge 浏览器，再重新打开，即可打开我们自己设置的主页。

图 6-6 "设置"命令

图 6-7 "自定义"选项

◎说明

　　主页：是每次打开 Microsoft Edge 浏览器时默认显示的 Web 页。如果经常访问某一个站点，就可以将这个站点设为主页。这样，以后每次启动 Microsoft Edge 时，该站点就会第一个显示出来。

② 使用收藏夹。

a. 将 Web 页添加到收藏夹：

● 找到要添加到收藏夹列表的 Web 页，单击工具栏中的"添加到收藏夹或阅读列表"按钮☆，弹出"添加到收藏夹"对话框，如图 6-8 所示。

- 在"名称"文本框中显示了当前 Web 页的名称，或者直接输入一个新的 Web 页名称。
- 在"创建位置"下拉列表中选定目标文件夹，单击"添加"按钮。
- 或者单击"创建新的文件夹"链接，在"文件夹名称"文本框中输入文件夹名，如"大学网站"，单击"添加"按钮，如图 6-9 所示。

图 6-8　"添加到收藏夹"对话框 Ⅰ

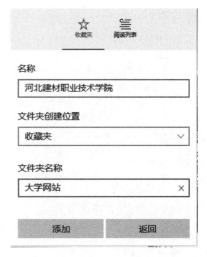

图 6-9　"添加到收藏夹"对话框 Ⅱ

b. 整理收藏夹：

- 单击工具栏中的"中心"按钮▤，选择"收藏夹"选项卡，弹出图 6-10 所示的窗格。
- 单击列表中的某个文件夹名称可以打开文件夹中收藏的网站，如图 6-11 中的"大学网站"文件夹所示。

图 6-10　"中心"任务窗格

图 6-11　"收藏夹"任务窗格

- 在列表中右击收藏的网站名称可以通过右键菜单进行整理操作，如图 6-12 所示。
- 在列表中选定一个网站名称，在右键菜单中单击"重命名"命令，更改收藏网站的名称。
- 在列表中选定一个文件夹或网站名称，在右键菜单中单击"删除"命令，删除不用的文件夹或网站。

c. 使用收藏夹：

- 单击工具栏中的"中心"按钮▤，选择"收藏夹"选项卡，弹出"收藏夹"列表，如图 6-10 所示。

● 在列表中单击要访问的 Web 站点，打开要浏览的网页。

③ 使用历史记录。

a. 打开历史记录：

● 单击工具栏中的"中心"按钮 ☰，选择"历史纪录"选项卡 ⏱，打开"历史记录"列表，如图 6-13 所示。

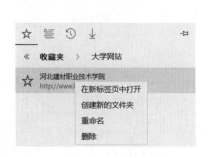

图 6-12　收藏夹右键菜单

图 6-13　历史记录列表

● 单击"今天"，将其展开。

● 单击"网址"文件夹，显示各个 Web 页，单击"Web 页"图标，打开该 Web 页。

3．保存网页

（1）将正在浏览的网页保存为 PDF 文件

① 单击网页右上角的"更多操作"按钮 ⋯，打开下拉菜单。

② 单击菜单栏中的打印命令，弹出打印预览窗口，如图 6-14 所示，打印机选择"Microsoft Print to PDF"选项，单击"打印"按钮。

图 6-14　"打印网页"对话框

③ 与该网页同名的 PDF 文件即保存到文档目录下。

（2）保存网页中的图形

① 右击图形对象，在弹出的快捷菜单中选择"保存图片"命令，如图 6-15 所示。

② 弹出"保存图片"对话框，如图 6-16 所示。

图 6-15　选择"保存图片"命令　　　　　　图 6-16　"保存图片"对话框

③ 选择保存类型、输入文件名、选择保存位置，单击"保存"按钮。

（3）保存文字

① 打开网页。

② 拖动鼠标选定需要保存的文字内容，使其呈高亮选定状态，如图 6-17 所示。

③ 在选定内容上右击，在弹出的快捷菜单中选择"复制"命令，如图 6-18 所示。

图 6-17　选定文字内容　　　　　　图 6-18　选择"复制"命令

④ 打开文字编辑软件记事本或 Word 2013 等，选择"粘贴"按钮，如图 6-19 所示。

图 6-19　在 Word 2013 中粘贴

⑤ 选择"文件"|"保存"命令。

4．利用搜索引擎搜索信息资源

（1）搜索网页

① 打开 Microsoft Edge 浏览器，在地址栏中输入网址"http://www.baidu.com/"，按【Enter】键，打开百度网站，如图 6-20 所示。

图 6-20　在百度中输入关键字

② 单击文本框，输入需要搜索的关键字"河北 单独招生 院校 2017"，出现搜索结果页面，如图 6-21 所示。

图 6-21　搜索结果页面

③ 单击要查找信息的超链接，在新窗口中打开对应的网页。

（2）搜索图片

① 打开百度网页，将鼠标移到"更多产品"，打开下拉菜单，单击"图片"超链接，打开

图 6-22 所示的网页。

图 6-22　搜索图片

②　在文本框中输入要查找的信息关键字"CPU",单击"百度一下"按钮,显示搜索结果,如图 6-23 所示。可以看到搜索的结果均为图片。

图 6-23　搜索图片结果网页

③　单击需要的图片链接,在新窗口中显示新的图片网页,如图 6-24 所示。

(3)搜索多媒体资料

①　打开百度网页,单击文本框上面的"视频"超链接,打开图 6-25 所示的网页。

②　在文本框中输入要查找的信息关键字"计算机应用基础"关键字,单击"百度一下"按钮,打开搜索结果网页,如图 6-26 所示。

图 6-24   图片超链接打开的网页

图 6-25   搜索视频

图 6-26   搜索视频结果网页

③ 在搜索结果中查找所需的信息，单击"计算机应用基础　第九章课后–第七区视频–爱拍原创"超链接，打开新网页，Windows 自动调用媒体播放器程序来播放这个多媒体文件，如图 6–27 所示。

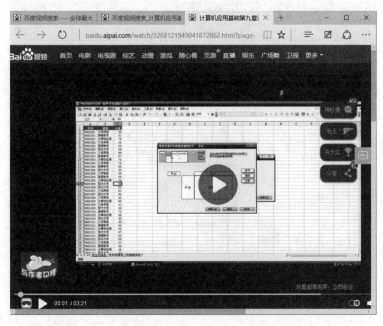

图 6–27　媒体资料搜索结果

（4）常用的搜索技巧

① 提炼关键词。从复杂搜索意图中提炼出最具代表性和指示性的关键词，这对于提供搜索效率很重要。

② 细化搜索条件。缩小搜索范围的简单方法是添加搜索词。

③ 强制搜索的方法是加英文双引号。

④ 不要局限于一个搜索引擎。

常用搜索引擎及其搜索特色如表 6–1 所示。

表 6-1　常用搜索引擎及其搜索特色

搜索引擎	搜索目标
百度	古汉语（诗词）类资料
搜狐	产品或服务
新浪	
网易	

5．下载文件

如果网页中的文字和图片比较小，采用前面讲到的保存就可以了。如果文件比较大，就要采用下载功能。

① 如图 6–28 所示，单击"免费下载"按钮。

② 下载完成后，弹出"已完成下载"对话框，如图 6–29 所示，该软件下载到"下载"文件夹。

③ 单击"运行"按钮，运行该杀毒软件。

6．上传文件

在访问网络时，不但可以使用 Microsoft Edge 浏览器下载文件，还可以使用 Microsoft Edge 浏览器上传文件。

图 6-28　下载软件网页

RavV17std (1).exe 已完成下载。　　　　　　　　　　　运行　　查看下载　×

图 6-29　"已完成下载"对话框

① 打开 Microsoft Edge 浏览器，在地址栏中输入 FTP 服务器的地址，如输入"FTP://×××.×××.com"。

◎注意

必须输入"FTP"，否则浏览器会在前面加上一般的网址格式"HTTP"。

② 在确认输入无误后按【Enter】键，浏览器自动连接到 FTP 服务器，输入用户名和密码，将文件上传至 FTP 服务器。

相关知识与技能

1．Microsoft Edge 浏览器

浏览器是网络用户用来浏览 Internet 上的网页信息的客户端软件。当用户使用浏览器浏览网页时，首先由浏览器与 WWW 服务建立 HTTP 连接，然后发出访问请求，服务器根据需求找到被请求主页，然后将该文件返回给浏览器，浏览器对接收到的文件进行解释，然后显示给用户。

Microsoft Edge 浏览器是专为 Windows 10 打造的更快更安全的浏览器，其内置于 Windows 10 版本中并且为 Windows 10 独占。作为微软全新一代网页浏览器，Edge 的界面非常简洁，常用操作都已被放置在右上角，包括阅读模式、收藏按钮，中心按钮，做 Web 笔记、分享和设置按钮，它比传统 IE 更快也更安全。Microsoft Edge 窗口如图 6-30 所示。

（1）阅读模式

在查看网页的文章时单击"阅读视图"按钮会进入阅读模式，这时网页进行重新加载，将

除了网页正文和图片之外的所有不相关的内容都隐藏起来。再次单击"阅读视图"按钮，会退出阅读模式。如果想调整阅读时的背景和字体大小，可以单击页面，在页面上方会出现工具条，单击 按钮可以调整字体大小和页面主题。在工具条选择打印功能可以打印页面内容。

（2）收藏夹和阅读列表

对于经常访问的网站和阅读的内容我们可以保存在收藏夹和阅读列表中，使用的时候方便调取。阅读列表就是一个"稍后阅读"的文件夹，有着类似书签的功能，你可以把喜欢的文章保存到这个列表中。打开网页之后单击"收藏夹和阅读列表"按钮☆，就可以保存需要的网站或页面。如调取已收藏的内容则需要使用"中心"功能。

（3）中心

Edge 浏览器将相关信息做了整合，单击"中心"按钮☰，会出现一个包含有收藏夹、阅读列表、浏览历史以及下载记录的下拉列表，可以很方便地查找需要的内容。

（4）做 Web 笔记

现在我们可以通过 Edge 浏览器直接在网页或者文章中做笔记和涂鸦。单击窗口右上角的"Web 笔记"按钮，Edge 浏览器就会将当前网页上的内容截图，以便我们在上面做注释、笔记等，同时可进行剪辑并支持触摸写入。完成之后可将之保存为 OneNote 文档、添加到收藏夹/阅读列表或者分享给朋友/同事。

（5）分享和设置

分享功能是 Edge 浏览器带来的一个非常实用的功能 IE 浏览器不具备这项功能，我们只要单击"分享"图标 （见图 6-30）就能通过电子邮件、OneNote 或者阅读列表将网页轻松分享给自己的好友或者同事。

单击 按钮可打开设置菜单，在基本设置中可更换主题、设定主页、清除 Edge 缓存和历史纪录等。在菜单下方还有"高级设置"，可修改默认的搜索引擎、保存密码，打开 Cortana 协助等。

图 6-30　Microsoft Edge 窗口

2．IP 地址表示及域名系统

在 Internet 上有千百万台主机，为了区分这些主机，人们给每台主机都分配了一个专门的地址，称为 IP 地址。通过 IP 地址就可以访问到每一台主机。

IP 是由 32 位 0、1 所组成的一组数据。因为只有 0 和 1，所以 IP 的组成就是计算机认识的二进制数的表示方式。但是因为人对二进制数不熟悉，为了顺应对十进制数的依赖性，将 32 位的 IP 分成 4 小段，每段含有 8 位，将 8 位二进制数转换成十进制数（0～255），并且每一段中间以小数点分隔开。例如"河北建材职业技术学院"主机的 IP 地址就是 "121.22.25.134"，在您的浏览器上输入这个 IP 地址，就可以访问到河北建材职业技术学院的主页。

虽然可以通过 IP 地址来访问每一台主机，但是要记住那么多枯燥的数字串显然是非常困难的，为此，Internet 提供了域名（Domain Name）。

域名也由若干部分组成，各部分之间用小数点分开，例如"河北建材职业技术学院"主机的域名是 www.hbjcxy.com，显然域名比 IP 地址好记忆多了。

域名前加上传输协议信息及主机类型信息就构成了网址（URL），例如"河北建材职业技术学院"的 WWW 主机的 URL 就是 "http://www.hbjcxy.com"。

人们习惯记忆域名，但机器间互相只认 IP 地址，域名与 IP 地址之间是一一对应的，它们之间的转换工作称为域名解析，域名解析需要由专门的域名解析服务器（DNS）来完成，整个过程是自动进行的。

由于 Internet 最初是在美国发源的，因此最早的域名并无国家标识，人们按用途把它们分为几个大类，它们分别以不同的后缀结尾：

.com——用于商业公司；

.org——用于组织、协会等；

.net——用于网络服务；

.edu——用于教育机构；

.gov——用于政府部门；

.mil——用于军事领域。

由于国际域名资源有限，各个国家或地区在域名最后加上了国家或地区标识段，由此形成了各个国家或地区自己的域名。

网址也称 URL，URL（Uniform Resource Locator：统一资源定位器）是 WWW 页的地址，它从左到右由下述部分组成：

① Internet 资源类型（scheme）：指出 WWW 客户程序用来操作的工具。如"http://"表示 WWW 服务器，"ftp://"表示 FTP 服务器，"gopher://"表示 Gopher 服务器，而"news:"表示 Newsgroup 新闻组。

② 服务器地址（Host）：指出 WWW 页所在的服务器域名。

③ 端口（Port）：有时对某些资源的访问来说，需给相应的服务器提供端口号。

④ 路径（Path）：指明服务器上某资源的位置。与端口一样，路径并非总是需要的。

3．网页中的超链接

在网页中，将鼠标指向一些文字、图片、标题等，鼠标指针变成手指形状，这表示此处是一个超链接，同时状态栏上显示出一个网址。利用超链接，不用在地址栏中输入网址，就可以从一个网页转到另一个网页。

超链接不仅可以是文本，还可以是图片或动画。

任务2　收发邮件

任务描述

李杨进行课程设计。老师要求：做完课程设计之后，将作业发到老师的邮箱。

任务分析

① 注册电子邮箱；
② 登录电子邮箱；
③ 编写电子邮件；
④ 发送电子邮件。

任务实现

1. 注册电子邮箱

① 打开"www.163.com"，如图 6-31 所示。

图 6-31　163 网页

② 选择"注册免费邮箱"，打开"注册免费邮箱"页面，根据提示，在相应文本框中输入相应内容，如图 6-32 所示。

③ 单击"立即注册"按钮，进入注册成功界面，显示注册成功的电子邮箱地址是 jcxytsgyx@163.com。单击"进入邮箱"按钮，进入免费邮箱。

> ◎说明
>
> 在此选择"注册手机号码邮箱"按钮，可以利用手机号码注册邮箱。

2. 登录电子邮箱

① 在 163 主页上方，指向"登录"按钮，在文本框中分别输入邮箱地址和密码，如图 6-33 所示。

图 6-32　"注册免费邮箱"页面

图 6-33　输入信息开始登录

② 单击"登录"按钮，选择进入"我的邮箱"，如图 6-34 所示。

③ 进入 163 免费邮箱，如图 6-35 所示。

图 6-34　选择"进入我的邮箱"　　　　　　　　　图 6-35　163 免费邮箱

3．编写电子邮件

① 在如图 6-35 所示的电子邮箱页面中单击"写信"按钮，打开图 6-36 所示的页面。

② 在"收件人"文本框中输入"gudlian@yeah.net"，在"主题"文本框中输入电子邮件的简要信息"李杨课程设计"，在中文编辑区输入电子邮件的正文内容，如图 6-37 所示。

③ 单击"添加附件"按钮，打开"选择要上传的文件"对话框，如图 6-38 所示。

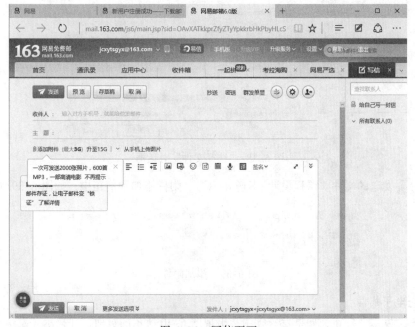

图 6-36　写信页面

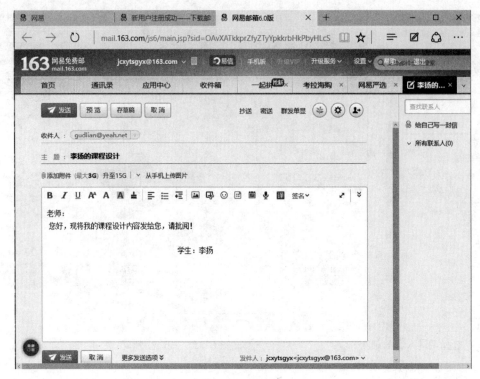

图 6-37　信箱内容

图 6-38　"选择文件"对话框

④ 选择要发送的文件"课程设计-李杨.docx"，附件添加到信箱中，如图 6-39 所示。

图 6-39　添加附件

4. 发送电子邮件

① 单击"发送"按钮，如果发送成功，出现图 6-40 所示的页面，并提示"发送成功"。

图 6-40　邮件发送成功

　② 单击"继续写信"，返回写信页面，继续写信。
　③ 单击"返回收件箱"，返回信箱页面。

◎说明

　　如果要将电子邮件发送给多个收信人，可以在"收件人"文本框中连续输入多个电子邮箱地址，中间用","或";"隔开。
　　与他人互相发送电子邮件，双方必须都拥有自己的电子邮箱。

相关知识与技能

1. 什么是电子邮件

电子邮件（Electronic Mail，E-mail）又称电子信箱，是因特网上使用最广泛、最受欢迎的网络功能之一。电子邮件就好像平时生活中写的信件，可以通过它与商业伙伴、朋友或家人交流。与传统的信件相比，电子邮件更快捷，费用更低廉，所邮寄的内容也更丰富。可以收发文本、图片、声音和视频等多媒体信息。利用因特网，可以足不出户地随时收发邮件。如果没有电子邮件的应用，可能就不会有因特网如此迅猛的发展。

2. 电子邮件地址

要发送电子邮件，就必须拥有一个合法的电子邮件地址。

一个电子邮件地址的格式是：用户名@注册的网站.顶级域名，例如：linosm@163.com。

3. 发送电子邮件的步骤

发送电子邮件前，首先需要拥有一个电子邮箱，再使用电子邮箱软件编写电子邮件，最后通过因特网将电子邮件发出去。

4．获得电子邮箱的方法

电子邮箱需要申请注册获得。有两种类型的申请方式：一种免费申请获得，另一种需要向有关部门交纳一定的费用申请获得。

5．编写电子邮件的程序

通过 Microsoft Edge 浏览器访问网页时就可以编写电子邮件，此外，有 Windows 提供的 Outlook Express，国产软件 Foxmail 等。

6．用电子邮件传送文件

利用电子邮件的附件功能来传送文件。

知识拓展

1．Windows 10 中电子邮件的管理

① 单击"开始"按钮田，打开"开始"菜单，如图 6-41 所示。

② 单击"邮件"按钮，打开"账户管理"窗口，如图 6-42 所示。

③ 单击"添加账户"按钮，打开"选择账户"窗口如图 6-63 所示，在此可以添加你的所有账户。

2．Outlook Express

Outlook Express 是 Microsoft 自带的一种电子邮件，简称为 OE，是微软公司出品的一款电子邮件客户端。微软将这个软件与操作系统以及浏览器捆绑在一起。

Outlook Express 是一种供编写及收发电子邮件的应用程序。使用这种程序，可以将电子邮件收取到本地计算机上，离线后仍可继续阅读信件。同样，发信时可以先在本地写好 1 封或者多封邮件，再联通因特网一次性发送。同时可以将其他文件以附件形式添加到 Outlook Express 中，通过电子邮件的形式发送图片、声音等多媒体文件。

图 6-41　开始菜单

图 6-42　账户管理

图 6-43　选择账户

3. 创建账户

① 单击"账户管理"窗口中 Outlook 选项，打开"添加你的 Microsoft 账户"对话框，如图 6-44 所示。

② 单击"创建一个"按钮，打开"让我们来创建你的账户"对话框，输入你要创建的电子邮件地址，如 tsg0284@outlook.com，输入密码，选择"中国"，如图 6-45 所示。

③ 单击"下一步"按钮，打开"添加安全信息"对话框，输入正确的用户信息，如图 6-46 所示。

图 6-44　"添加你的 Microsoft 账户"对话框

图 6-45　"让我们来创建你的账户"对话框

④ 单击"下一步"按钮，打开"查看与你相关度最高的内容"对话框，如图 6-47 所示。

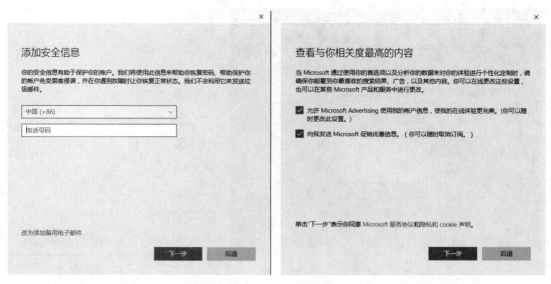

图 6-46 "添加安全信息"对话框　　　　　图 6-47 "查看与你相关度最高的内容"对话框

⑤ 单击"下一步"按钮，打开"是否登录到所有 Microsoft 应用"对话框，如图 6-48 所示。

⑥ 单击"只登录此应用"链接，弹出"已全部完成"对话框，如图 6-49 所示。单击"完成"按钮。

⑦ 单击"完成"按钮，弹出"账户管理"窗口，完成 Outlook 账户设置并添加到邮件账户管理窗口中，如图 6-50 所示。

4. 撰写电子邮件

① 在"账户管理"窗口中，单击"转到收件箱"按钮，打开"收件箱-Outlook-邮件"窗口，如图 6-51 所示。

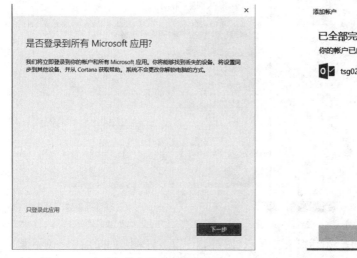

图 6-48　查看与你相关度最高的内容

图 6-49　账户成功设置

　　图 6-50　账户管理　　　　　　　　　　　　　　图 6-51　Outlook 窗口

　　② 在 Outlook 窗口左上方单击"新邮件"按钮，打开"新邮件"窗口，如图 6-52 所示。

◎说明

　　收件人：邮件发送的第一接收人。如果是多个收件人，地址之间要用分号隔开。

　　抄送：就是发给"收件人"邮件的同时，再向另一个或多个人同时发送该邮件，收件人可从邮件中得知用户把邮件抄送给了谁。地址之间同样要用分号隔开。

　　密件抄送：与"抄送"类似，但是邮件会按照"密件"的原则，收件人的邮件信息中不显示抄送给其他人。输入多个邮件地址时，同样要用分号隔开。

　　"主题"：输入邮件内容的主题，不可省略。

　　"邮件内容区"：输入邮件的内容。除了文本编辑外，还可以插入表格、信纸、图片、形状、艺术字、SmartArt、剪贴画、超链接、书签等，来丰富邮件的正文内容。

　　"附加文件"：在"插入"选项卡中单击"文件附件"按钮，在"文件夹"窗口中，选择需要添加的一个或多个附件。

　　③ 在"新邮件"窗口输入收件人邮箱地址，邮件主题和邮件正文，如图 6-53 所示。

　　　　图 6-52　"新邮件"窗口　　　　　　　　　　　图 6-53　邮件内容

　　④ 选择"插入"选项卡，单击"文件附件"按钮，打开"文件夹"窗口，在"文件夹"对话框中选择"Adrian 的作业.docx"，并单击"打开"按钮，如图 6-54 所示。

⑤ 插入附件后的"新邮件"窗口如图 6-55 所示。

图 6-54 "文件夹"对话框   图 6-55 插入附件后的"新邮件"窗口

5. 发送电子邮件

① 单击"发送"按钮 ▷发送，如果发送成功，会在"已发送邮件"文件夹中显示已发送邮件，如图 6-56 所示。

② 系统自动退出"新邮件"窗口，可以进行其他操作。

③ 单击"人脉"按钮 ⧉，打开"人脉"窗口，如图 6-57 所示，在此可以添加联系人。

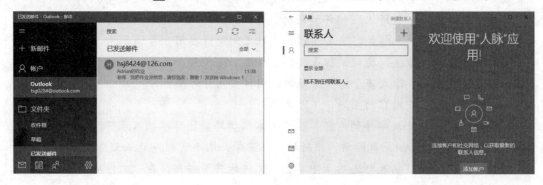

图 6-56 已发送邮件   图 6-57 "人脉"窗口

项 目 实 训

对移动公司进行调研，了解所用手机的具体信息，推销几部手机。为此，必须具有手机的详细信息。查询手机的具体信息，包括：手机型号、特点、价格、款式、市场拥有率等。上网查询手机的具体信息，通过 E-mail 对手机用户进行调研。